"十二五"职业教育国家规划教材 （修订版）

经全国职业教育教材审定委员会审定

典型机电设备安装与调试 西门子

第 3 版

主　编	周建清　巢春波　陈传周
副主编	陈昌安　王金娟
参　编	缪秋芳　申海亚　万　萍
	何乙琦　吴成海　谷冬冬
主　审	陈　丽

机械工业出版社

本书是依据机电一体化专业人才培养目标、培养规格，结合企业机电设备安装、调试岗位技术要求及高职高技学生的实际情况编写而成的。

本书遵循学生的认知规律，打破传统的学科课程体系，采取项目化的形式将传感器、机械传动、气动控制、PLC、变频器、触摸屏及数字孪生等知识进行了重新建构，使读者能够通过实际生产项目学会机械组装、电路连接、程序输入、参数设置、人机界面工程创建、设备调试、数字孪生环境配置及仿真虚拟调试等机电技术应用技能。全书共两个单元、八个项目。第一单元主要内容为送料机构的组装与调试，机械手搬运机构的组装与调试，物料传送及分拣机构的组装与调试，物料搬运、传送及分拣机构的组装与调试，YL-235A 型光机电设备的组装与调试，生产加工设备的组装与调试；第二单元主要内容为分拣站数字孪生环境配置和分拣站软在环虚拟调试。各项目按照施工任务、施工前准备、任务实施、设备改造的顺序安排内容，以企业工作任务为引领，力求还原企业生产环境。

本书可作为职业院校机电设备类、自动化类各专业课程教材，也可供职业院校学生实训及备战技能大赛使用，同时还可作为相关企业培训用书。

为方便教学，本书配套 PPT 课件、电子教案、实训任务书及操作视频（二维码形式呈现于书中）等资源，选用本书作为授课教材的教师可登录 www.cmpedu.com 注册并免费下载。

图书在版编目（CIP）数据

典型机电设备安装与调试. 西门子/周建清，巢春波，陈传周主编. —3版. —北京：机械工业出版社，2023.3（2025.2 重印）
"十二五"职业教育国家规划教材：修订版
ISBN 978-7-111-72402-5

Ⅰ.①典… Ⅱ.①周… ②巢… ③陈… Ⅲ.①机电设备-设备安装-中等专业学校-教材②机电设备-调试方法-中等专业学校-教材 Ⅳ.①TH17

中国国家版本馆 CIP 数据核字（2023）第 029257 号

机械工业出版社（北京市百万庄大街 22 号　邮政编码 100037）
策划编辑：赵红梅　　　　　责任编辑：赵红梅　韩　静
责任校对：薄萌钰　张　薇　封面设计：张　静
责任印制：郜　敏
三河市宏达印刷有限公司印刷
2025 年 2 月第 3 版第 4 次印刷
210mm×285mm · 12.25 印张 · 329 千字
标准书号：ISBN 978-7-111-72402-5
定价：39.00 元

电话服务　　　　　　　　　　网络服务
客服电话：010-88361066　　机　工　官　网：www.cmpbook.com
　　　　　010-88379833　　机　工　官　博：weibo.com/cmp1952
　　　　　010-68326294　　金　书　网：www.golden-book.com
封底无防伪标均为盗版　　机工教育服务网：www.cmpedu.com

前　言

　　本书是在"十二五"职业教育国家规划教材的基础上，吸收和借鉴各地职业院校的使用建议和改革经验修订而成。编写团队贯彻"立德树人"的核心教育理念，遵循"知行合一"的教学方法，坚持"校企合作、产教融合"的职业教育特色，从学生的认知规律出发，以能力为本位，以工作项目为引领，以生产实践为主线，采用项目化教学形式，构建的学科综合式机电装调技术教材。

　　本书具有以下特点：

　　1. 德技并修，融入工匠素养。充分挖掘本课程蕴含的素养知识，将其渗透于项目实施的各环节中，潜移默化地培养学生的"规范操作、精益求精、创新实用、技道合一"的工匠素养。

　　2. 岗课融合，对接企业生产过程，将教学内容项目化。坚持"工学结合、校企合作"的人才培养模式，精选八个企业生产项目，进行项目化构架，将岗位工作任务和专项能力所含的专业知识、专业技能全部嵌入其中，充分让学生感知、体验和行动。模拟企业生产情境，对接企业生产实际，紧紧围绕企业生产流程（布置施工任务、施工前准备、任务实施、质量记录和设备改造），使学生从点点滴滴中感知岗位的职业性和技术性，达到企业作业与学校学习的有机结合，实现企业作业教学化、学习内容项目化。

　　3. 赛教融合，转化大赛成果，普惠全体学生。力求解决技能大赛"精英"受益的缺点，链接全国技能大赛机电一体化设备组装与调试项目，将其资源碎片化、教学化，优化课程标准，将大赛内容融入教材内容、大赛评价融入质量评价等，实现大赛成果转化。本书配套8个实训任务单，便于学生实践提升和考核训练使用。

　　4. 关注技术的发展，突出"实用、会用"。紧随现代技术的发展，选择新产品，学习数字孪生技术，将PLC、变频器及触摸屏等多学科知识融为一体，使学生学会机械组装、电路连接、程序输入、参数设置、人机界面工程创建和设备调试等机电装调的综合应用技术，适应企业的转型升级。弱化了理论分析，紧紧围绕施工任务的需要，通过阅读技术文件的手法识读设备图样及设备随机资料，只要求会识读、能看懂，看懂了便能做，每个任务的施工流程清晰、方法明确，让学生在实施任务中学会机电设备装调的方法，接纳施工准备、设备安装、检测检查、设备调试、现场清理及设备验收等作业流程，满足企业岗位的需要。

　　5. 融入职业活动的真实场景，便于团队协作分工。本书是以工作场所为中心开展教学活动的教材，有一定的自由度，每个项目可独立施工，也可团队合作完成。项目施工的各环节（机械装配、电路连接、气动回路连接、程序输入、触摸屏工程创建、变频器参数设置、设备调试、设备改造等）操作任务明确，均有对应的作业指导，小组可根据任务流程进行任务分工，如技术分析、施工计划制定可团队讨论进行，硬件安装、程序录入可分工独立实施，功能调试还必须由调试操作员和安全监护员两人合作完成，便于开展小组合作教学和独立探究教学，培养学生与人沟通、与人协作的职业素养。

6. 顺应产品的更新换代，贴近生产实际。本书中 PLC 以 S7-1200 系列替代 S7-200 系列，满足企业人才的需求。

7. 图文并茂，通俗易懂。本书每个项目使用图片数十张，用图片、照片代替文字语言，表现形式直观易懂，一目了然，提高教材的可读性，通过视觉刺激学生的学习兴趣，降低学生的认知难度，符合当下学生的实际情况，便于学生自主学习。

8. 将操作内容、操作方法、操作步骤、学习知识、注意事项设计成施工记录表单，渗透各个项目的知识点与小任务，使操作具体化，做到有章可循、步骤清晰、方法明了，从而提高教材的可操作性。同时质量记录表单中含有标准值，学生可直接将自己的记录值进行对照，达到自我评价的效果。

本书由武进技师学院、常州刘国钧高等职业技术学校及亚龙智能装备集团股份有限公司校企合作编写，周建清、巢春波和陈传周担任主编，陈昌安、王金娟担任副主编，缪秋芳、申海亚、万萍、何乙琦、吴成海及谷冬冬也参与了编写工作。本书由常州市高级职业技术学校陈丽主审，在编写过程中也得到亚龙智能装备集团股份有限公司高举、常州市周建清名师工作室成员的大力支持与帮助，他们对本书提出了许多宝贵的意见，在此表示衷心的感谢！

由于编者水平有限，书中难免有错漏之处，恳请读者批评指正。

编　者

二维码索引

页码	名　称	二　维　码	页码	名　称	二　维　码
2	项目一		96	项目五	
27	项目二		129	项目六	
50	项目三		162	项目七	
74	项目四		177	项目八	

目　录

机电设备的组装与调试

01

项目一　送料机构的组装与调试

1. 会识读送料机构的设备技术文件，了解送料机构的控制原理。
2. 会识读送料机构的装配示意图，能根据装配示意图组装送料机构。
3. 知道SIMATIC S7-1200系列PLC的模块功能，会识读送料机构的电路图，能根据电路图连接送料机构电气回路。
4. 会识读送料机构的梯形图，能输入梯形图并调试送料机构实现功能。
5. 知道送料机构组装与调试的流程方案，能按照施工手册和施工流程作业。
6. 能严格遵守电气线路接线规范正确搭建电路，做到不损坏器件和不产生损失。
7. 能自觉遵守安全生产规程，做到施工现场干净整洁，工具摆放有序。
8. 会查阅资料，能调整加料站的位置、改造送料机构。

【施工任务】

1. 根据设备装配示意图组装送料机构。
2. 按照设备电路图连接送料机构的电气回路。
3. 输入设备控制程序，调试送料机构实现功能。

【施工前准备】

施工人员在施工前应仔细阅读机电设备随机配套技术文件，了解送料机构的组成及其工作情况，彻底弄懂其装配示意图、电路图及梯形图等图样，再根据施工任务制定施工计划及方案等准备性措施。

1. 识读设备图样及技术文件

（1）装置简介

送料机构主要起上料作用。其工作流程如图1-1所示。

1）起停控制。按下起动按钮，机构起动；按下停止按钮，机构停止工作。

2）送料功能。机构起动后，自动检测物料支架上的物料，警示灯绿灯闪烁。若无物料，PLC

便控制放料转盘（又称料盘或物料料盘）电动机工作，驱动页扇旋转，物料在页扇推挤下，从料盘中移至出料口。当出料检测光电传感器检测到物料时，电动机停止运转。

3）物料报警功能。若料盘电动机运行 10s 后，出料检测光电传感器仍未检测到物料，则说明料盘内已无物料，此时机构停止工作并报警，警示灯红灯闪烁。

（2）识读机械装配图样

送料机构的设备布局如图 1-2 所示，其功能是将料盘中的物料移至出料口。

1）结构组成。如图 1-3 所示，送料机构由放料转盘、调节固定支架、放料转盘电动机（直流减速电动机）、出料检测光电传感器（出料口检测传感器）和出料检测支架等组成，其中放料转盘固定在调节固定支架上，出料检测光电传感器固定在出料检测支架上。

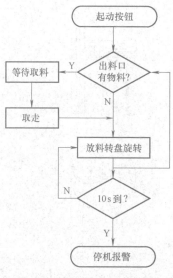

图 1-1　送料机构工作流程图

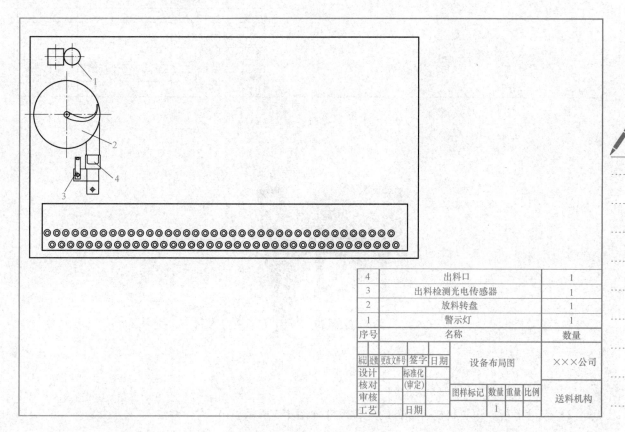

4	出料口	1
3	出料检测光电传感器	1
2	放料转盘	1
1	警示灯	1
序号	名称	数量

标记	处数	更改文件号	签字	日期	设备布局图		×××公司
设计			标准化				
核对			（审定）				
审核					图样标记	数量 重量 比例	送料机构
工艺			日期			1	

图 1-2　送料机构设备布局图

送料机构的实物如图 1-4 所示，放料转盘放置物料，其内部页扇经 24V 直流减速电动机驱动旋转后，便将物料推挤出料盘，滑向出料口，电动机的转速为 6r/min。上下移动改变料盘之间的位置可调整放料转盘的高度。出料检测支架有物料定位功能，并保证每次只上一个物料。

出料口检测使用的传感器为光电漫反射型传感器，是一种光电式接近开关，通常简称为光电开关，此处用途是检测出料口有无物料，为 PLC 提供输入信号。

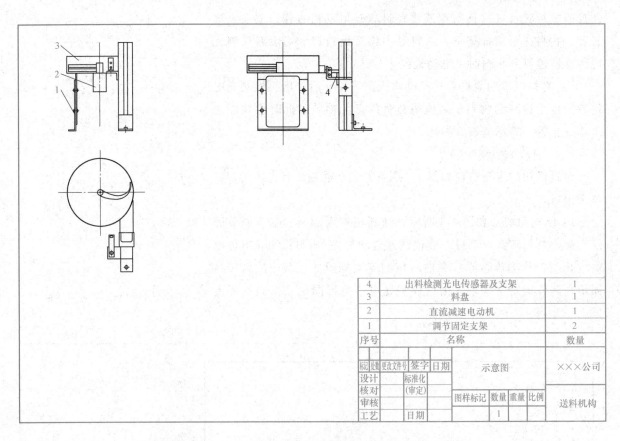

4	出料检测光电传感器及支架	1
3	料盘	1
2	直流减速电动机	1
1	调节固定支架	2
序号	名称	数量

标记	处数	更改文件号	签字	日期		
设计		标准化			示意图	×××公司
核对		(审定)				
审核					图样标记　数量　重量　比例	送料机构
工艺		日期			1	

图 1-3　送料机构示意图

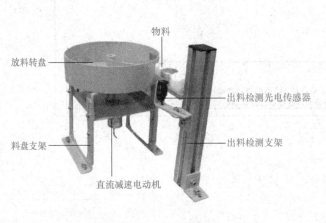

图 1-4　送料机构

2）尺寸分析。送料机构各部件的定位尺寸如图 1-5 所示。

（3）识读 PLC 相关资料

YL-235A 型光机电设备使用的 PLC 主要有两类：西门子 S7 系列和三菱 FX 系列。本书选用 S7-1200 系列 PLC，它是西门子公司推出的面向离散自动化系统和独立自动化系统的紧凑型自动化产品，定位原有的 SIMATIC S7-200 系列和 S7-300 系列 PLC 产品，涵盖了 S7-200 PLC 的原有功能并且新增了许多功能，可以满足更广泛领域的应用。图 1-6 所示为 YL-235A 型光机电设备使用的 S7-1200 PLC 模块。左侧模块为 CPU 模块——CPU 1214C AC/DC/Rly，右侧模块为信号模块——SM1223 DC/RLY。

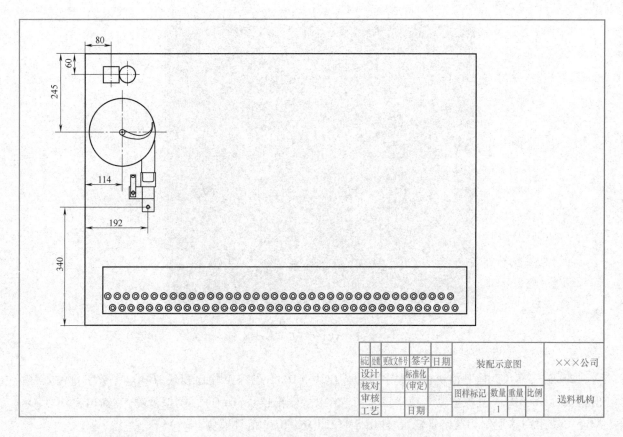

标记	处数	更改文件号	签字	日期	装配示意图		×××公司
设计			标准化				
核对			(审定)				
审核					图样标记	数量 重量 比例	送料机构
工艺			日期			1	

图 1-5　送料机构装配示意图

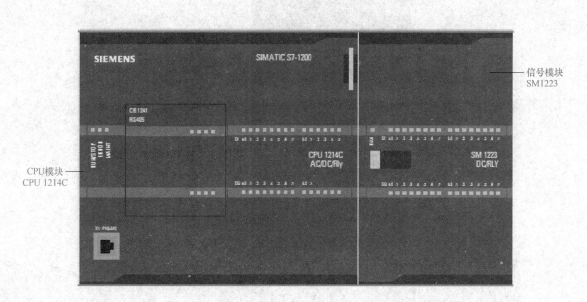

图 1-6　YL-235A 型光机电设备 S7-1200 PLC 模块

根据电源信号、输入信号、输出信号的类型不同，S7-1200 系列 PLC 的 CPU 1211C、CPU 1212C、CPU 1214C、CPU 1215C 等模块均有 3 种类型，分别是 DC/DC/DC、DC/DC/Rly、AC/DC/Rly，其中 DC 表示直流、AC 表示交流、Rly（Relay）表示继电器。

1）CPU 模块。如图 1-7 所示，S7-1200 PLC 的 CPU 1214C AC/DC/Rly 面板由 CPU 运行状态指示、输入状态指示、输出状态指示、以太网接口、存储卡插槽等部分组成。

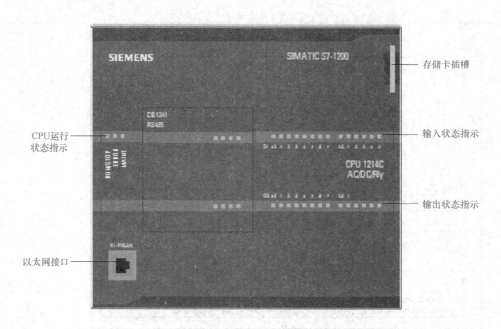

存储卡插槽

CPU运行
状态指示

输入状态指示

输出状态指示

以太网接口

图 1-7　CPU 1214C AC/DC/Rly 面板

2）信号模块。信号模块包括数字量输入模块（DI）、数字量输出模块（DQ）、数字量输入/输出模块（DI/DQ）、模拟量输入模块（AI）、模拟量输出模块（AQ）、模拟量输入/输出模块（AI/AQ）等。图 1-8 所示为数字量输入/输出 SM1223 DC/RLY 信号模块。

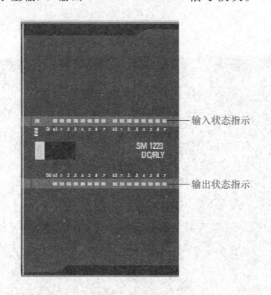

输入状态指示

输出状态指示

图 1-8　SM1223 DC/RLY 信号模块

（4）识读电路图

如图 1-9 所示，送料机构的电气控制以 PLC 为核心，PLC 输入信号起停及控制出料检测信号，输出信号驱动直流电动机、警示灯和蜂鸣器。

1）PLC 机型。机型为西门子 SIMATIC S7-1200 CPU 1214C AC/DC/Rly 和 SM1223 DC/RLY 信号模块。

2）I/O 点分配。PLC 输入/输出设备及输入/输出点的分配情况见表 1-1。

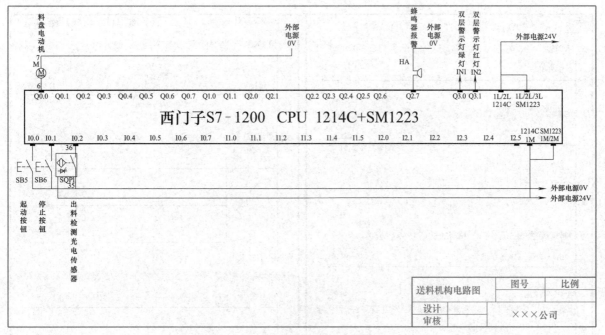

图 1-9　送料机构电路图

表 1-1　PLC 输入/输出设备及输入/输出点分配

输入			输出		
元件代号	功能	输入点	元件代号	功能	输出点
SB5	起动按钮	I0.0	M	料盘电动机	Q0.0
SB6	停止按钮	I0.1	HA	蜂鸣器报警	Q2.7
SQP1	出料检测光电传感器	I0.2	IN1	双层警示灯绿灯	Q3.0
			IN2	双层警示灯红灯	Q3.1

3）输入/输出设备连接特点。本设备中所使用的光电传感器都是三线传感器，它们均有三根引出线，其中一根接 PLC 的输入信号端子，一根接外部电源 24V（PLC 模块的 CPU 1214C 1M），另一根接外部电源 0V。从 PLC 的输出回路看，输出点 Q0.0 控制直流减速电动机（即料盘电动机）运转（由 1214C 1L/2L 引入外部电源 24V）；输出点 Q2.7 控制蜂鸣器发出报警声（由 SM1223 1L/2L/3L 引入外部电源 24V）；输出点 Q3.0 控制警示灯绿灯闪烁；输出点 Q3.1 控制警示灯红灯闪烁。

（5）识读梯形图

送料机构系统控制由"Main"程序块和"1-供料"程序块两部分组成。"Main"程序块主要实现设备的起停功能以及"1-供料"程序块的调用；"1-供料"程序块主要实现送料机构的具体功能。如图 1-10 所示，其动作过程如下：

1）"Main"程序块。程序段 1 中，按下起动按钮 SB5，I0.0 = 1，驱动起动标志辅位 M0.0 = 1；程序段 4 调用"1-供料"程序块，送料机构起动。程序段 2 中，按下停止按钮 SB6，I0.1 = 1；或 Q3.1 = 1 双层警示灯红灯得电闪烁时，驱动停止标志位 M0.1 = 1，"1-供料"程序块中同时 Q0.0 复位。送料机构停止工作后，程序段 3 中立即批量复位 M0.0 和 M0.1。M0.0 = 0 使得程序段 4 中停止调用"1-供料"程序块。

2）"1-供料"程序块。

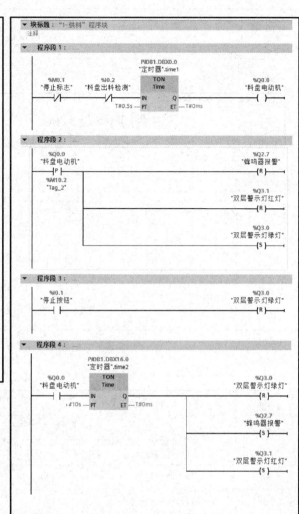

图 1-10　送料机构梯形图

① 料盘电动机控制。"Main"程序块中，当 M0.0 = 1 后，调用"1-供料"程序块。该程序块程序段 1 中若出料口无物料，则出料检测光电传感器 SQP1 不动作，I0.2 = 0，Q0.0 = 1，驱动料盘电动机旋转，物料挤压上料。当出料检测光电传感器 SQP1 检测到物料时，I0.2 = 1，Q0.0 为 0，料盘电动机停转，上料结束。

② 警示灯指示及报警控制。"1-供料"程序块程序段 2 中，Q0.0 的上升沿信号复位 Q2.7 = 0 和 Q3.1 = 0，驱动 Q3.0 = 1，双层警示灯红灯熄灭，蜂鸣器停止报警，双层警示灯绿灯闪烁。程序段 3 中，按下停止按钮 SB6，I0.1 = 1，复位 Q3.0 = 0，双层警示灯绿灯熄灭。程序段 4 中，Q0.0 = 1 时，"定时器".time2 开始计时，10s 定时时间到，"定时器".time2 的 Q = 1，复位 Q3.0 = 0，驱动 Q2.7 = 1 和 Q3.1 = 1，双层警示灯绿灯熄灭，双层警示灯红灯闪烁，蜂鸣器发出报警声。

3）优化程序。在"1-供料"程序块程序段 1 中，"定时器".time1 延时 0.5s，用于料盘供料期间，防止因为出料检测光电传感器误触发导致供料不流畅，以及物料与物料之间挤压导致后续机械手无法顺利抓取物料。

（6）制定施工计划

送料机构的组装与调试流程如图 1-11 所示，施工人员应根据施工任务制定计划，填写表 1-2，确保在定额时间内完成规定的工作任务。

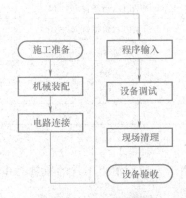

图 1-11　送料机构的组装与调试流程图

表 1-2　施工计划表

设备名称	施工日期	总工时/h		施工人数/人		施工负责人
送料机构						
序号	施工任务			施工人员	工序定额	备注
1	阅读设备技术文件					
2	机械装配、调整					
3	电路连接、检查					
4	程序输入					
5	设备调试					
6	现场清理，技术文件整理					
7	设备验收					

2. 施工准备

（1）设备清点

检查送料机构的部件是否齐全，并归类放置。送料机构的设备清单见表 1-3。

表 1-3　设备清单

序号	名称	型号规格	数量	单位	备注
1	直流减速电动机	24V	1	台	
2	放料转盘		1	个	
3	料盘支架		2	个	
4	光电传感器	E3Z-LS31	1	只	出料口
5	出料检测支架		1	套	
6	警示灯及其支架	红、绿两色,闪烁	1	套	
7	PLC 模块	西门子 S7-1200 CPU 1214C AC/DC/Rly+SM1223 DC/RLY	1	块	
8	按钮模块	YL157	1	块	
9	电源模块	YL046	1	块	

(续)

序号	名称	型号规格	数量	单位	备注
10	螺钉	不锈钢内六角螺钉 M6×12	若干	只	
11		不锈钢内六角螺钉 M4×12	若干	只	
12		不锈钢内六角螺钉 M3×10	若干	只	
13	螺母	椭圆形螺母 M6	若干	只	
14		M4	若干	只	
15		M3	若干	只	
16	垫圈	φ4	若干	只	

（2）工具清点

设备组装工具清单见表1-4，施工人员应清点工具的数量，并认真检查其性能是否完好。

表1-4　工具清单

序号	名称	规格、型号	数量	单位
1	工具箱		1	只
2	螺钉旋具	一字,100mm	1	把
3	钟表螺钉旋具		1	套
4	螺钉旋具	十字,150mm	1	把
5	螺钉旋具	十字,100mm	1	把
6	螺钉旋具	一字,150mm	1	把
7	斜口钳	150mm	1	把
8	尖嘴钳	150mm	1	把
9	剥线钳		1	把
10	内六角扳手(组套)	PM-C9	1	套
11	万用表		1	只

【任务实施】

根据制定的施工计划实施任务，施工中应注意及时调整进度，保证定额。施工时必须严格遵守安全操作规程，加强安全保障措施，确保人身和设备安全。

1. 机械装配

（1）机械装配前的准备

1）清理现场，保证施工环境干净整洁，施工通道畅通，无安全隐患。

2）备齐机械装配的相关图样，以方便施工时查阅核对。

3）选用机械组装的工具，且有序摆放。

4）根据装配示意图（图1-5）和送料机构示意图（图1-3）合理确定设备组装顺序，参考流程如图1-12所示。

（2）机械装配步骤

根据机械装配流程图组装送料机构。

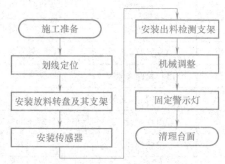

图1-12　机械装配流程图

1）划线定位。根据送料机构装配示意图对出料检测支架、料盘支架、警示灯支架等固定尺寸划线定位。

2）安装放料转盘及其支架。如图 1-13 所示，将放料转盘装好支架后固定在定位处，支架的弯脚应在其外侧。

图 1-13　放料转盘及支架的安装过程

3）安装传感器。如图 1-14 所示，将出料检测光电传感器固定在物料支架上，固定时应用力均匀，紧固程度适中，防止因用力过猛而损坏传感器。

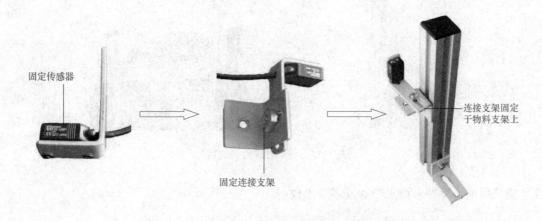

图 1-14　出料检测光电传感器的安装过程

4）安装出料检测支架。如图 1-15 所示，安装出料口并将出料检测支架固定在定位处。

图 1-15　出料检测支架的安装过程

5）机械调整。如图 1-16 所示，调整出料口的上下、左右位置，保证物料滑移平稳、不会产生堆积或翻倒现象，完成后将各部件紧固。

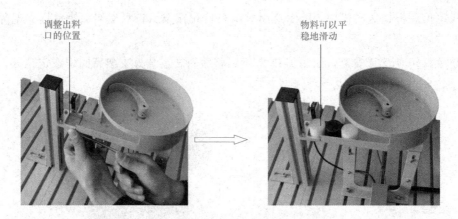

图 1-16　机械调整过程

6）固定警示灯。如图 1-17 所示，将警示灯装好支架后固定于定位处。

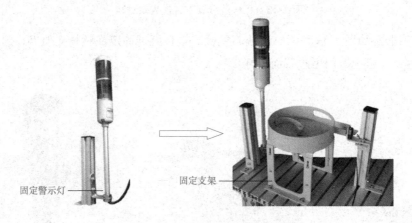

图 1-17　警示灯的安装过程

7）清理台面，保持台面无杂物或多余部件。

2. 电路连接

（1）电路连接前的准备

1）检查电源并确认其处于断开状态，做到施工无安全隐患。

2）备齐电路安装的相关图样，供作业时查阅。

3）选用电气安装的电工工具，并有序摆放。

4）剪好线号管。

5）结合送料机构的实际结构，根据电路图确定电气回路的连接顺序，参考流程如图 1-18 所示。

（2）电路连接步骤

电路连接应符合工艺、安全规范等要求，所有导线要置于线槽内。导线与端子排连接时，应套线号管并及时编号，避免错编、漏编。插入端子排的连接线必须接触良好且紧固。接线端子排的功能分配如图 1-19 所示。

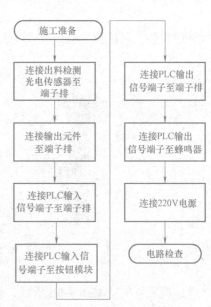

图 1-18　电路连接流程图

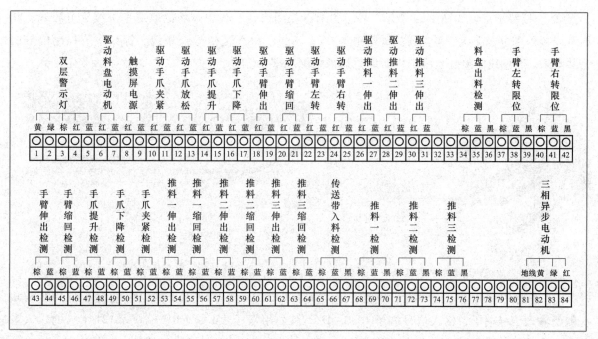

图 1-19　接线端子排功能分配

1）连接出料检测光电传感器至端子排。如图 1-20 所示，出料检测光电传感器有三根引出线，其连接方法为：黑色线接 PLC 的输入信号端子、棕色线接外部电源 24V、蓝色线接外部电源 0V，其连接情况如图 1-19 所示。

图 1-21 中，接线端子排主要用于外部设备与 PLC 模块、电源模块的连接，其上侧连接电气元件的引出线，下侧是安全插座，方便与模块单元连接。

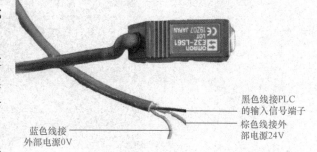

蓝色线接外部电源0V

黑色线接PLC的输入信号端子
棕色线接外部电源24V

图 1-20　出料检测光电传感器

2）连接输出元件至端子排。输出元件的引出线都为单芯线。连接时，应做到导线与接线端子紧固，无露铜，线槽外的引出线整齐、美观，如图 1-22 所示。

接线端子用于输入/输出设备的连接

安全插座用于模块的连接

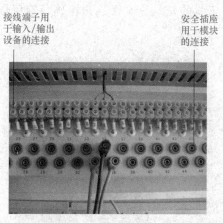

图 1-21　传感器的连接

整齐有序，美观大方

导线紧固，安全可靠

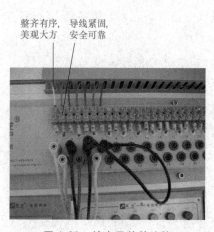

图 1-22　输出元件的连接

①连接放料转盘电动机（直流减速电动机）。如图 1-23 所示，该直流减速电动机有两根线，红色线连接对应的 PLC 输出端子（外部电源 24V），蓝色线接外部电源 0V。

② 连接警示灯。如图 1-24 所示，警示灯有 5 根引出线，其中较粗的双芯扁平线为电源线，其红色线接外部电源 24V，黑色线接外部电源 0V；其余三根线是信号控制线，棕色线为控制信号的公共端 L，红色线内接红色警示灯，绿色线内接绿色警示灯。

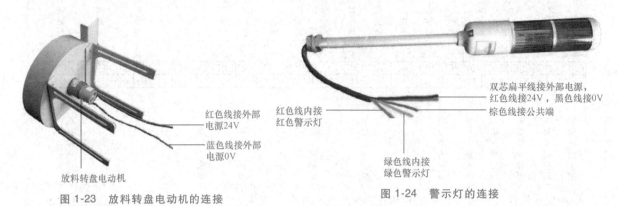

图 1-23　放料转盘电动机的连接

图 1-24　警示灯的连接

3）连接 PLC 的输入信号端子至端子排。如图 1-25 所示，YL-235A 型光机电设备的 PLC 模块上侧是输入信号端子，输入信号端子 I0.0～I1.5 及公用端子 1M 是 CPU 模块（1214C）的输入端子，输入信号端子 I2.0～I3.1 及公用端子 1M/2M 是信号模块（SM1223）的输入端子。

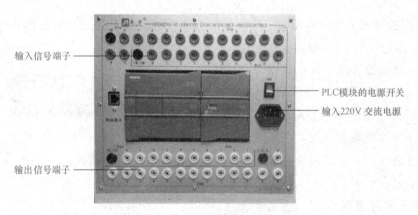

图 1-25　PLC 模块的连接

PLC 模块采用安全插座连接，连接时应将安全插头完全置于插座内，以保证两者有效接触，避免出现电路开路现象。传感器与 PLC 连接时，应看清三线的颜色，确保连接正确，避免烧坏传感器。

4）连接 PLC 的输入信号端子至按钮模块。如图 1-26 所示，YL-235A 型光机电设备设有按钮模块，根据电路图将起动按钮、停止按钮与其对应的 PLC 输入信号端子连接。

5）连接 PLC 的输出信号端子至端子排。如图 1-25 所示，PLC 的下侧是输出信号端子，S7-1200 PLC 的模块共有 2 组输出信号端子，其中输出信号端子 Q0.0～Q1.1 及公用端子 1L/2L 是 CPU 模块（1214C）的输出端子，输出

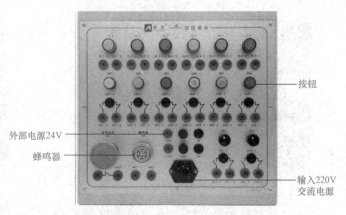

图 1-26　按钮模块的连接

信号端子 Q2.0~Q3.5 及公用端子 1L/2L/3L 是信号模块（SM1223）的输出端子。

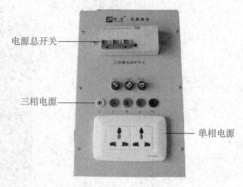

图 1-27　电源模块

依据送料机构电路图，Q3.0 接警示灯的绿色线，Q3.1 接警示灯的红色线，SM1223 1L/2L/3L 接警示灯的棕色线；对于放料转盘电动机回路，红色线接 Q0.0，黑色线接外部电源 0V，而 1214C 1L/2L、SM1223 1L/2L/3L 则需短接后与外部电源 24V 连接。如图 1-26 所示，按钮模块内置 24V 开关电源，专为外部设备供电。

6）连接 PLC 的输出信号端子 Q2.7 至蜂鸣器。

7）连接电源模块中的单相交流电源至 PLC 模块。如图 1-27 所示，电源模块提供一组三相电源和两个单相电源，单相电源供 PLC 模块和按钮模块使用。

8）电路检查。对照电路图检查是否掉线、错线、漏编、错编，接线是否牢固等。

9）清理台面，将工具入箱。

3. 程序输入

亚龙 YL-235A 型光机电设备（西门子模块）随机光盘提供了基于 TIA 博途的编程软件 STEP 7 Professional V15。STEP 7 提供了两种不同的工具视图：基于任务的 Portal（门户）视图和基于项目的项目视图。

（1）启动软件，进入项目视图

双击桌面图标启动 TIA 博途编程软件，进入如图 1-28 所示的 Portal（门户）视图界面。Portal（门户）视图界面包含：①不同任务的门户；②所选门户的任务；③所选操作的选择面板；④切换到项目视图。通过左下角按钮切换到项目视图，本书主要使用项目视图。

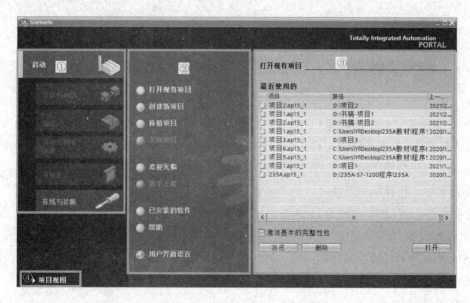

图 1-28　Portal（门户）视图界面

（2）新建项目，设备组态

1）单击"项目视图"，切换到如图 1-29 所示的项目视图初始界面。

如图 1-30 所示，项目视图界面由七部分组成：①菜单栏和工具栏；②项目浏览器；③工作区；

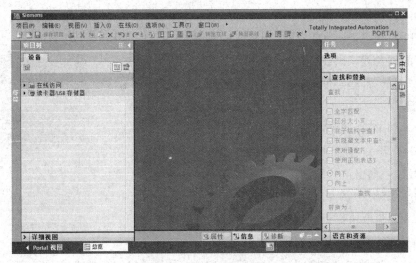

图 1-29　项目视图初始界面

图 1-30　项目视图界面组成

④任务卡；⑤巡视窗口；⑥切换到 Portal（门户）视图；⑦编辑器栏。

2）创建新建项目。单击①菜单栏和工具栏中的"项目"选项卡，在弹出的快捷菜单中单击"新建项目"选项，弹出如图 1-31 所示的"创建新项目"对话框，输入项目名称，选择保存路径后单击"创建"按钮。

3）设备组态。在②项目浏览器中双击"添加新设备"选项，在弹出的"添加新设备"对话框中选择"控制器"→"SIMATIC S7-1200"→"CPU"→"非特定的 CPU 1200"→"6ES7 2XX-XXXXX-XXXX"选项，如图 1-32 所示。此时可以看到"6ES7 2XX-XXXXX-XXXX"中的

图 1-31　创建项目

"XX"表示并没有确定最终型号，具体型号这里采用让系统直接读出的方法获得，最终完成设备的组态。除此之外，还可以根据使用的西门子 SIMATIC S7-1200 CPU 1214C AC/DC/Rly 和 SM1223 DC/RLY 信号模块，在设备组态时直接找到硬件所对应的具体型号来完成组态操作，此处就不再展开介绍。

图 1-32 设备组态 PLC 型号选定

单击图 1-32 中的"确定"按钮，弹出如图 1-33 所示的对话框，单击"获取"相连设备的组态，跳转至如图 1-34 所示的 PLC 硬件检测界面。

在图 1-34 所示界面可以通过单击"开始搜索"按钮进行设备具体型号的获取，此时要注意两点操作：一是此时需要给 PLC 供电，并用网线将计算机端和 PLC 端连接；二是要注意计算机端的 IP 地址，在计算机端默认自动获得 IP 地址的前提下，一般能搜索到可访问的节点，若搜索不到，需要手动配置计算机端网卡的 IP，如图 1-35 所示，这里设置的 IP 地址是"192.168.0.30"，第四个字节取 0~255 中任意数值，但不能与其他设备相同。

图 1-33 获取相连设备的组态

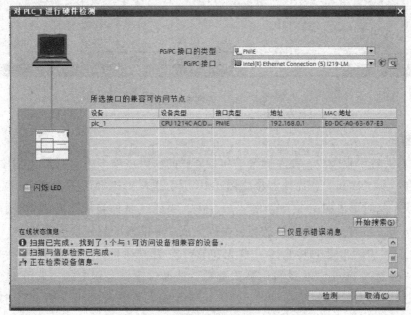

图 1-34 PLC 硬件检测

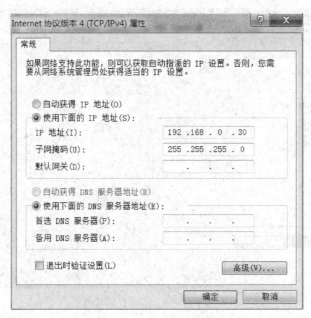

图 1-35　计算机端网卡 IP 地址设置

在如图 1-34 所示界面中单击"检测"按钮，弹出设备完成组态界面，如图 1-36 所示。

图 1-36　设备完成组态

（3）输入程序

1）添加"1-供料"程序块。在左侧菜单和工具栏的项目选项卡中，双击"程序块"选项。此时软件默认含有一个"Main"程序块。根据图 1-10 所示送料机构梯形图，我们还需添加一个"1-供料"的程序块。此时单击如图 1-37 左侧"项目树"中的"添加新块"选项，选择名称为"1-供料"函数（FC）块后，单击"确定"按钮就可以完成"1-供料"程序块的添加。

2）输入触点 I0.0。如图 1-38 所示，首先在软件左侧"项目树"中选择所要编写的程序块，然后单击右侧"指令"，单击"位逻辑运算"选项，选择位逻辑运算中的"常开触点"，双击或将其拖曳至程序段 1。单击触点上方的"?? .?"，用键盘输入将其修改为"I0.0"。按<Enter>键后，梯形图编辑区光标处显示常开触点 I0.0。常闭触点的输入方法相同。

图 1-37 添加程序块

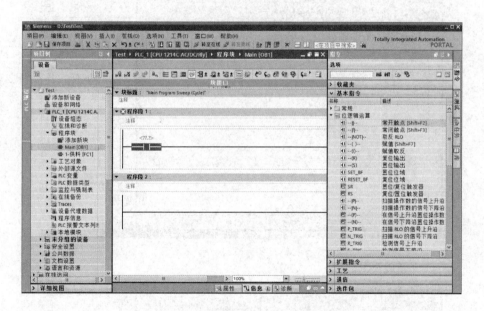

图 1-38 输入常开触点

3）输入置位输出 M0.0。双击置位输出或将其拖曳至图 1-39 所示光标处，并将其命名为"M0.0"。

4）并联常开触点 Q3.1。如图 1-40 所示，将光标停留在 I0.1 常开触点输入处，执行"基本指令"→"常规"→"打开分支"命令，在新的分支处输入 Q3.1 的常开触点，如图 1-41 所示，再执行"基本指令"→"常规"→"嵌套闭合"命令，按<Enter>键确认，实现 Q3.1 常开触点和 I0.1 常开触点的并联，如图 1-42 所示。

5）其他指令的输入。按上述方法，图 1-10 所示送料机构梯形图其他指令的输入，都可以在软件右侧指令中找到对应的指令，这里就不再一一展开介绍，若不清楚指令的具体功能，可单击对应的指令，按下<F1>键，并根据提示操作，可以得到指令的详细介绍。

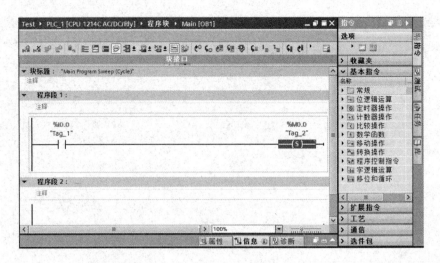

图 1-39 输入置位输出指令

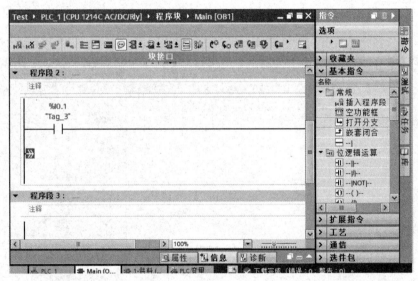

图 1-40 并联触点界面（一）

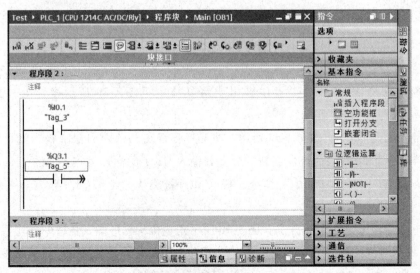

图 1-41 并联触点界面（二）

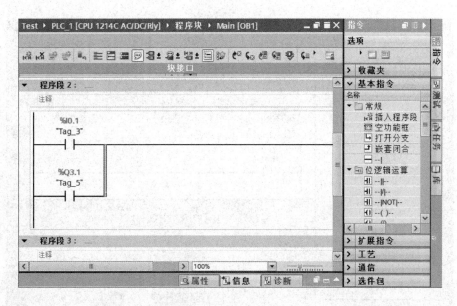

图 1-42 并联触点界面（三）

6）PLC 变量命名。给 PLC 变量命名可以使编程思路更清晰，增加程序的可读性。操作时可以在"PLC 变量"→"显示所有变量"中统一进行变量命名操作，如图 1-43 所示。

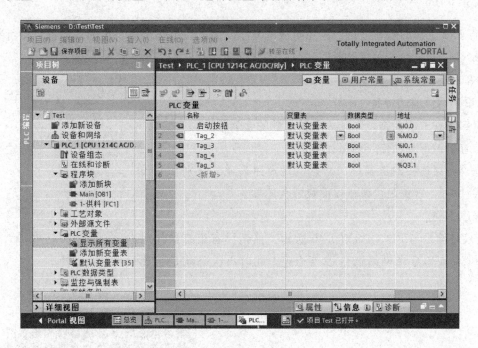

图 1-43 PLC 变量命名

（4）编译梯形图

如图 1-44 所示，选择"程序块"，执行"编译"命令，可以将"PLC_1 程序块"内所有的程序编译后存入计算机，计算机将自动识别程序错误，出现 0 个错误，0 个警告，表示输入无误。在操作时需要注意的是，如果此时没有选择整个"程序块"，而是选择"Main"程序块或者"1-供料"程序块，单击"编译"按钮，则只会对所选择的程序块内容进行编译，未选择到的程序块是不会进行编译的。

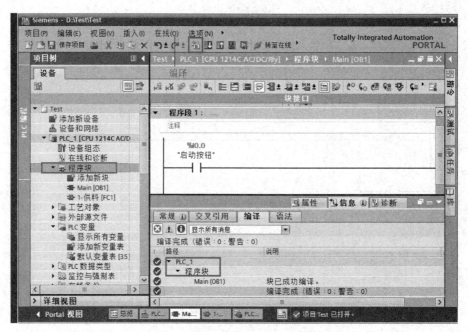

图 1-44　编译梯形图

4. 设备调试

为确保调试工作的顺利进行，避免事故的发生，施工人员必须进一步确认设备机械组装及电路安装的正确性、安全性，做好设备调试前的各项准备工作，设备调试流程如图 1-45 所示。

（1）设备调试前的准备

1）清扫设备上的杂物，保证无设备之外的金属物。

2）检查机械部分动作，确保完全正常。

3）检查电路连接的正确性，严禁出现短路现象，特别加强传感器接线的检查，避免因接线错误而烧毁传感器。

4）程序下载。

① 连接计算机与 PLC。如图 1-46 所示，前期设备组态操作时已将计算机端和 PLC 端网络通信接口相连，此时再次确认是否连接完成。

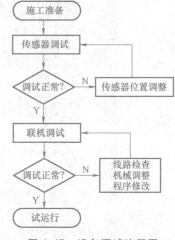

图 1-45　设备调试流程图

施工准备 → 传感器调试 → 调试正常？ —N→ 传感器位置调整
调试正常？ —Y→ 联机调试 → 调试正常？ —N→ 线路检查 机械调整 程序修改
调试正常？ —Y→ 试运行

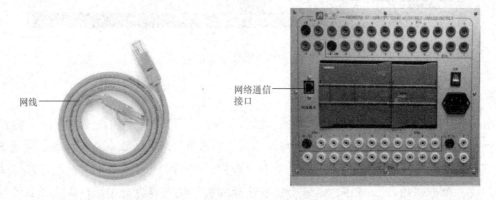

网线

网络通信接口

图 1-46　计算机与 PLC 的编程连接

② 合上断路器，给设备供电。

③ 写入程序。执行"下载"命令后，弹出如图 1-47 所示的 PLC 程序下载对话框，单击"在不同步的情况下继续"按钮后，出现"下载预览"对话框，如图 1-48 所示。在该对话框中，将"停止模块"选择为"全部停止"后单击"装载"按钮，完成 PLC 程序下载。若单击"下载"按钮后，弹出的对话框如图 1-49 所示，需要重新搜索访问的 PLC，具体搜索方法在设备组态操作时已经介绍，这里不再重复。

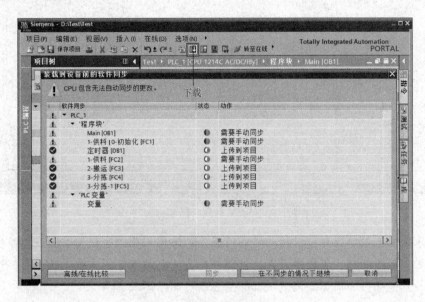

图 1-47 程序下载对话框（一）

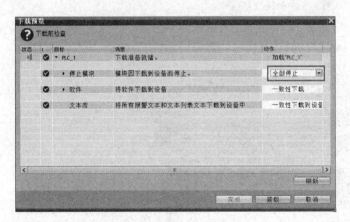

图 1-48 程序下载对话框（二）

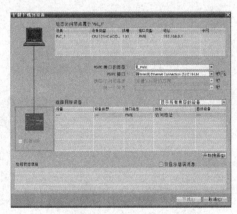

图 1-49 搜索访问的 PLC 对话框

（2）传感器调试

出料口放置物料，观察 PLC 的输入指示灯状态，若能点亮，说明光电传感器及其位置正常；若不能点亮，需调整传感器的位置、调节光线漫反射灵敏度或检查传感器及其线路的好坏。传感器的位置调整如图 1-50 所示。

（3）设备联机调试

传感器调试正常后，接通 PLC 输出负载的电源回路，进入联机调试阶段。在联机调试过程中，需要用到

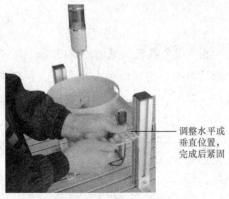

调整水平或垂直位置，完成后紧固

图 1-50 调整传感器的位置

PLC 的"起动 CPU"按钮 ▶、"停止 CPU"按钮 ■,"起动/禁用监视"按钮 ⚙,具体如图 1-51 所示。

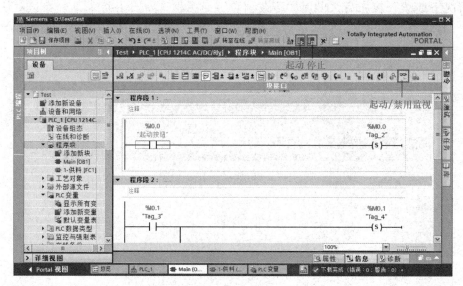

图 1-51 CPU 起动、停止、监视

此阶段要求施工人员认真观察设备的动作情况,若出现问题,应立即解决或切断电源,避免扩大故障范围。必须提醒的是,若程序有误,可能会使直流电动机处于连续运转状态,这将直接导致物料挤压支架及其他部件而损坏,调试观察的主要部位如图 1-52 所示。

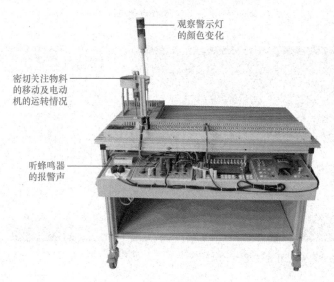

图 1-52 送料机构的调试

表 1-5 为联机调试的正确结果,若调试中有与之不符的情况,施工人员应首先根据现场情况,判断是否需要切断电源,在分析、判断故障形成原因(机械、电气或程序问题)的基础上,进行检修、调试,直至送料机构完全实现功能。

表 1-5 联机调试结果一览表

步骤	操作过程	设备实现的功能	备注
1	按下起动按钮 SB5 (出料口无物料)	绿灯闪烁	送料
		电动机旋转	

（续）

步骤	操作过程	设备实现的功能	备注
2	10s后出料口无料	绿灯熄灭	停机报警
		红灯闪烁	
		电动机停转	
		发出报警声	
3	给出料口加物料	绿灯闪烁	等待取料
4	取走出料口的物料	绿灯闪烁	送料
		电动机旋转	
5	出料口有物料	绿灯闪烁	等待取料
		电动机停转	
6	按下停止按钮SB6	绿灯熄灭	机构停止工作

（4）试运行

施工人员操作送料机构，观察一段时间，确保设备稳定可靠运行。

5. 现场清理

设备调试完毕，要求施工人员清点工具、归类整理资料，清扫现场卫生，并填写设备安装登记表。

1）清点工具。对照工具清单清点工具，并按要求装入工具箱。

2）资料整理。整理归类技术说明书、电气元件明细表、施工计划表、设备电路图、梯形图、安装图等资料。

3）清扫设备周围卫生，保持环境整洁。

4）填写设备安装登记表，记录设备调试过程中出现的问题及解决的办法。

6. 设备验收

设备质量验收表见表1-6。

表1-6　设备质量验收表

验收项目及要求		配分	配分标准	扣分	得分	备注
设备组装	1. 设备部件安装可靠，各部件位置衔接准确 2. 电路安装正确，接线规范	35	1. 部件安装位置错误，每处扣2分 2. 部件衔接不到位、零件松动，每处扣2分 3. 电路连接错误，每处扣2分 4. 导线反圈、压皮、松动，每处扣2分 5. 错、漏编号，每处扣1分 6. 导线未入线槽、布线凌乱，每处扣2分			
设备功能	1. 设备起停正常 2. 警示灯动作及报警正常 3. 送料功能正常	60	1. 设备未按要求起动或停止，每处扣10分 2. 警示灯未按要求动作，每处扣10分 3. 驱动放料转盘电动机未按要求旋转，扣20分 4. 送料不准确或未按要求送料，扣10分			
设备附件	资料齐全，归类有序	5	1. 设备组装图缺少，每份扣2分 2. 电路图、梯形图缺少，每份扣2分 3. 技术说明书、工具明细表、元件明细表缺少，每份扣2分			

（续）

验收项目及要求	配分	配分标准	扣分	得分	备注
安全生产	1. 自觉遵守安全文明生产规程 2. 保持现场干净整洁，工具摆放有序	1. 漏接接地线，每处扣5分 2. 每违反一项规定，扣3分 3. 发生安全事故，按0分处理 4. 现场凌乱、乱放工具、乱丢杂物、完成任务后不清理现场，扣5分			
时间	3h	提前正确完成，每5min加5分 超过定额时间，每5min扣2分			
开始时间		结束时间		实际时间	

【设备改造】

送料机构的改造要求及任务如下：

（1）功能要求

1）送料功能。起动后，机构开始检测物料支架上的物料，警示灯绿灯闪烁。若无物料，PLC便起动送料电动机工作，驱动页扇旋转，物料在页扇推挤下，从放料转盘中移至出料口。当出料检测光电传感器检测到物料时，电动机停止旋转。

2）物料报警功能。若送料电动机运行10s后，出料检测光电传感器仍未检测到物料，则说明料盘内已无物料，此时机构停止工作并报警，警示灯红灯闪烁，蜂鸣器报警。

3）当物料被取走10个时，要求打包，打包指示灯点亮，20s后开始新的工作循环。

（2）技术要求

1）机构的起停控制要求：

① 按下起动按钮，上料机构开始工作。

② 按下停止按钮，上料机构必须完成当前循环后停止。

③ 按下急停按钮，机构立即停止工作。

2）电源要有信号指示灯，电气线路的设计符合工艺要求、安全规范。

（3）工作任务

1）按机构要求画出电路图。

2）按机构要求编写PLC控制程序。

3）改装送料机构实现功能。

4）绘制设备装配示意图。

项目二 机械手搬运机构的组装与调试

1. 会识读机械手搬运机构的设备技术文件，了解机械手搬运机构的控制原理。
2. 会识读机械手搬运机构的装配示意图，能根据装配示意图组装机械手搬运机构。
3. 会识读机械手搬运机构的电路图，能根据电路图连接机械手搬运机构电气回路。
4. 知道 SIMATIC S7-1200 系列 PLC 的顺序控制方法，会识读机械手搬运机构的梯形图，能输入梯形图并调试机械手搬运机构实现功能。
5. 知道机械手搬运机构的组装与调试流程方案，能按照施工手册和施工流程作业。
6. 能严格遵守电气线路接线规范搭建电路，做到规范、正确，提高质量。
7. 能自觉遵守安全生产规程，养成安全意识，做到施工现场干净整洁，工具摆放有序。
8. 会查阅资料，改造机械手搬运机构，使其具有两种工作控制方式。

【施工任务】

1. 根据设备装配示意图组装机械手搬运机构。
2. 按照设备电路图连接机械手搬运机构的电气回路。
3. 按照设备气路图连接机械手搬运机构的气动回路。
4. 输入设备控制程序，调试机械手搬运机构实现功能。

【施工前准备】

机械手搬运机构为 YL-235A 型光机电设备的第二站（本项目对 YL-235A 型光机电设备的机械手释放物料的去处做了适当修改，变传送带的落料口为料盘），其结构部件相对比较复杂，施工前应仔细阅读设备随机技术文件，了解机械手搬运机构的组成及其动作情况，看懂机械手机构的装配示意图、电路图、气动回路图及梯形图等图样，然后根据施工任务制定施工计划、施工方案等。

1. 识读设备图样及技术文件

（1）装置简介

机械手是一种在程序控制下模仿人手进行自动抓取物料、搬运物料的装置，它通过四个自由度的动作完成物料搬运的工作。如图 2-1 所示，它在气压控制下能实现以下功能：

1）复位功能。PLC 上电，机械手手爪放松、上升，手臂缩回、左摆至左侧限位处停止。

2）起停控制。机械手复位后，按下起动按钮，机构起动。按下停止按钮，机构完成当前工作循环后停止。

3）搬运功能。起动后，若加料站出料口有物料，机械手臂伸出→到位后提升臂伸出，手爪下降→到位后，手爪抓物夹紧 1s→时间到，提升臂缩回，手爪提升→机械手臂缩回→机械手臂右摆→至右侧限位处，定时 2s 提升臂伸出→手爪下降→定时 0.5s，手爪放松、释放物料→手爪放松，提升臂缩回，手爪提升→机械手臂缩回→机械手臂左摆至左侧限位处，等待物料开始新的工作循环。

（2）识读装配示意图

机械手搬运机构的设备布局如图 2-2 所示，其功能是准确无误地将加料站出料口的物料搬运至物料料盘内，这就要求机械手与两者之间的衔接紧密，安装尺寸误差要小，且前后部件

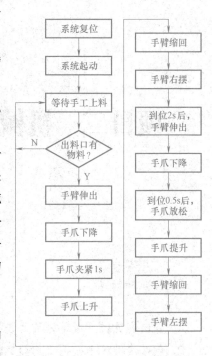

图 2-1　机械手搬运机构工作流程图

配合良好。施工前，施工人员应认真阅读结构示意图 2-3，了解各部分的组成及其用途。

1）结构组成。机械手搬运机构由气动手爪部件、提升气缸部件、手臂伸缩气缸（简称伸缩气缸）部件、旋转气缸部件及固定支架等组成。这些部件实现了机械手的四个自由度的动作：手爪松紧、手爪上下、手臂伸缩和手臂左右摆动。具体表现为手爪气缸张开即机械手放松、手爪气缸夹紧即机械手夹紧；提升气缸伸出即手爪下降、提升气缸缩回即手爪提升；伸缩气缸伸出即手臂前

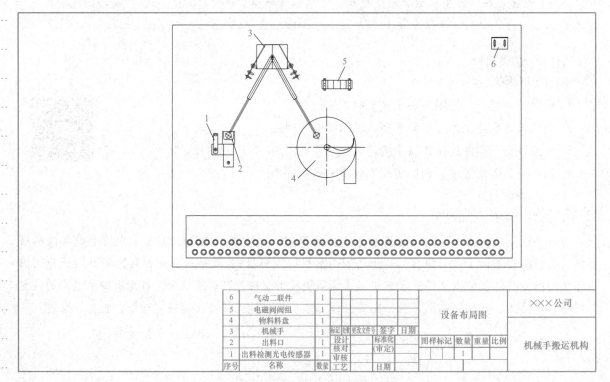

图 2-2　机械手搬运机构的设备布局图

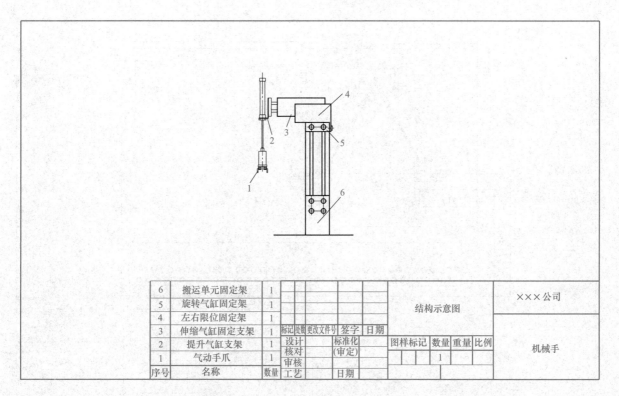

6	搬运单元固定架	1					结构示意图			×××公司	
5	旋转气缸固定架	1									
4	左右限位固定架	1									
3	伸缩气缸固定支架	1	标记	处数	更改文件号	签字	日期				
2	提升气缸支架	1	设计		标准化			图样标记	数量	重量	比例	机械手
1	气动手爪	1	核对		(审定)				1		
序号	名称	数量	审核 工艺			日期					

图 2-3 机械手的结构示意图

伸、伸缩气缸缩回即手臂后缩；旋转气缸左旋即手臂左摆、旋转气缸右旋即手臂右摆。

为了控制气动回路中的气体流量，在每一个气缸的气管连接处都设有节流阀，以调节机械手各个方向的运动速度。

图 2-4 所示为机械手的实物图，气动手爪、提升气缸和伸缩气缸上均有到位检测传感器，它们是一种磁性开关，气缸动作到位后，开关动作，便给 PLC 发出到位信号。旋转气缸的到位检测由左右限位传感器完成，它是一种金属检测传感器，又称电感式接近开关。为防止伸缩气缸撞击限位传感器，在安装支架上还设有缓冲器。

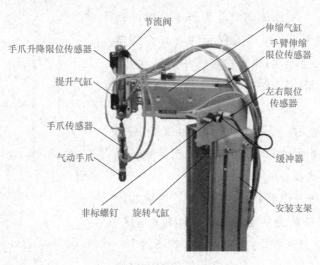

图 2-4 机械手

2）尺寸分析。机械手搬运机构各部件的定位尺寸如图 2-5 所示。

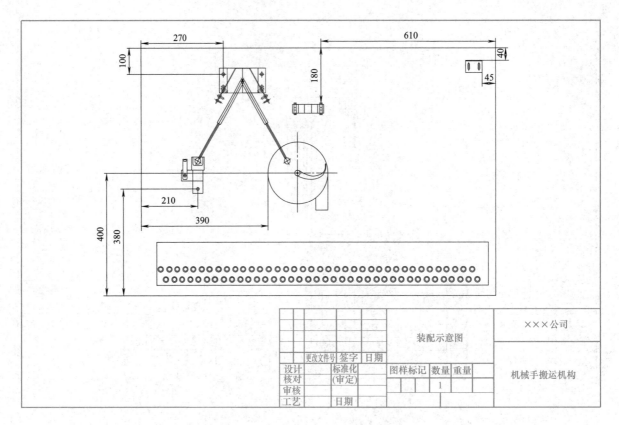

					装配示意图	×××公司
	更改文件号	签字	日期			
设计		标准化		图样标记	数量	重量	机械手搬运机构
核对		(审定)			1	
审核						
工艺			日期			

图 2-5　机械手搬运机构装配示意图

（3）PLC 相关指令

1）顺序控制。顺序控制是按照生产工艺预先规定的顺序，在各个输入信号的作用下，根据内部的状态和时间顺序，在生产过程中各个执行机构自动有序地工作。

2）顺序功能图。顺序功能图又称功能流程图或功能图，是一种描述系统控制过程功能和特性的图形，也是设计 PLC 的顺序控制程序的有力工具。如图 2-6 所示，顺序功能图主要由步、转换、动作及有向连线等元素组成。

① 步。将系统的一个工作周期划分为若干个顺序相连的阶段，这些阶段称为步。再用编程元件（如存储器 M）来代替各步。图 2-6 所示的顺序功能图中有 4 个步：M1.0、M1.1、M1.2 和 M1.3，每一个步对应一个工作阶段。步可细分为初始步、活动步、静止步。

初始步，用双方框表示，是系统运行的起点，与系统的初始状态对应，图 2-6 所示的 M1.0 步就是初始步，等待系统起动命令的初始状态。

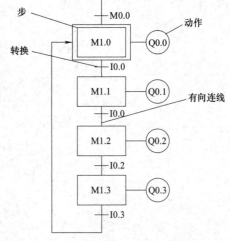

图 2-6　顺序功能图

活动步，是指当系统工作至某一个阶段时，对应的该步处于活动状态，此时该步为活动步。以步 M1.1 为例，当系统工作至 M1.1 时，该步激活打开，M1.1 状态为 1。

静止步，是指系统工作至某一个阶段，其他的阶段均为关闭或静止状态，此时这些阶段称为静止步。仍以 M1.1 为例，当系统工作至 M1.1 时，M1.1 为活动步，状态为 1，其他步均处于关闭状态，称为静止步，即 M1.0、M1.2 和 M1.3 的状态都为 0。

② 动作。在控制过程中与步对应的控制动作。以步 M1.1 为例，对应的动作是 Q0.1。当步 M1.1 激活时，驱动 Q0.1 动作。当步 M1.1 静止时，Q0.1 不动作。

③ 有向连线。将代表各步的方框连接起来的线，称为有向连线，代表着活动的顺序和方向。M1.1 与 M1.2 之间用一根竖线相连，表示当步 M1.1 工作完成之后，便转移至步 M1.2 工作，即步 M1.2 为步 M1.1 的转移方向。

④ 转换。转换又称转移，用横线表示，是从一个步向另一个步转换的必要条件。以 M1.1 为例，系统工作至 M1.1 时，M1.1 为活动步，当转移条件 I0.1 常开触点接通时，系统便从步 M1.1 转移到步 M1.2，M1.2 激活为 1，由静止步转换为活动步；M1.1 自动关闭为 0，由活动步转换为静止步。

3）顺序控制设计法。应用顺序功能图设计程序的方法称为顺序控制设计法，一般有两种：一种是直接使用顺序功能图，即按照要求画出相应的顺序功能图，直接输入到 PLC 中，如 S7 GRPAH 语言编程；另一种为间接使用顺序功能图。就是用顺序功能图描述 PLC 要完成的控制任务，然后将其转化为梯形图，最终将梯形图输入到 PLC 中。本书采用间接使用顺序功能图设计法。

如图 2-7 所示，将顺序功能图转换成梯形图。

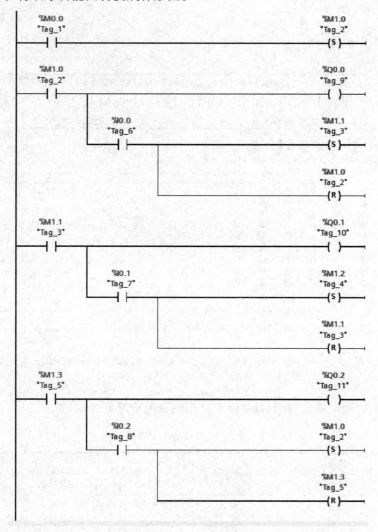

图 2-7 顺序控制梯形图

顺序功能图中 M0.0 常开触点为初始条件。初始步 M1.0，动作是 Q0.0，转移条件是 I0.0，转换方向是 M1.1。可以理解为系统起动前，M0.0 常开触点接通，初始步 M1.0 激活打开，驱动 Q0.0 动作。当转移条件 I0.0 成立时，程序向转移方向 M1.1 转换。

应用置位复位指令，将初始步的顺序功能图转换为梯形图。条件 M0.0 常开触点闭合时，激活初始步 M1.0，即置位 M1.0。此时 M1.0 常开触点闭合，驱动线圈 Q0.0 动作。当转移条件 I0.0 常开触点闭合时，向下一个步 M1.1 转换，即置位 M1.1。同时关闭活动步 M1.0，即复位 M1.0。

同样，以 M1.1 为例，其顺序功能图中，步 M1.1，动作 Q0.1，转移条件是 I0.1，转换方向是 M1.2。将其转换为梯形图，激活 M1.1，M1.1 常开触点闭合，驱动线圈 Q0.1 动作。当转移条件 I0.1 常开触点闭合时，向下一个步 M1.2 转换，即置位 M1.2。同时关闭活动步 M1.1，即复位 M1.1。

（4）识读电路图

如图 2-8 所示，机械手搬运机构主要通过 PLC 驱动电磁换向阀来实现其四个自由度的动作控制。输入为起停按钮、料盘出料检测光电传感器、旋转限位传感器、手爪传感器及各气缸伸缩到位检测传感器，输出为驱动电磁换向阀的线圈。

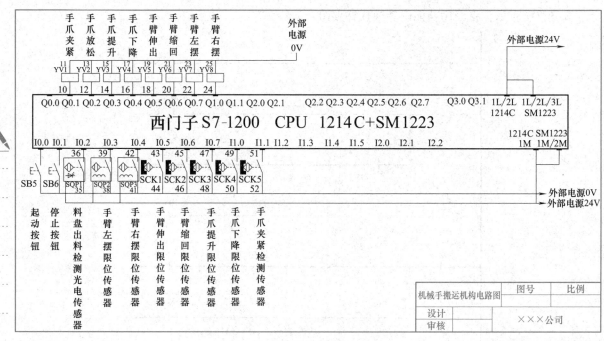

图 2-8　机械手搬运机构电路图

1）PLC 机型。机型为西门子 SIMATIC S7-1200 CPU 1214C AC/DC/Rly 和 SM1223 DC/RLY 信号模块。

2）I/O 点分配。PLC 输入/输出设备及 I/O 点的分配情况见表 2-1。

表 2-1　输入/输出设备及 I/O 点分配表

输入			输出		
元件代号	功能	输入点	元件代号	功能	输出点
SB5	起动按钮	I0.0	YV1	手爪夹紧	Q0.1
SB6	停止按钮	I0.1	YV2	手爪放松	Q0.2
SQP1	料盘出料检测光电传感器	I0.2	YV3	手爪提升	Q0.3

（续）

输入			输出		
元件代号	功能	输入点	元件代号	功能	输出点
SQP2	手臂左摆限位传感器	I0.3	YV4	手爪下降	Q0.4
SQP3	手臂右摆限位传感器	I0.4	YV5	手臂伸出	Q0.5
SCK1	手臂伸出限位传感器	I0.5	YV6	手臂缩回	Q0.6
SCK2	手臂缩回限位传感器	I0.6	YV7	手臂左摆	Q0.7
SCK3	手爪提升限位传感器	I0.7	YV8	手臂右摆	Q1.0
SCK4	手爪下降限位传感器	I1.0			
SCK5	手爪夹紧检测传感器	I1.1			

3）输入/输出设备连接特点。气动手爪夹紧检测传感器、手臂伸缩限位检测传感器、手爪升降限位检测传感器均为两线磁性传感器（也称磁性开关）。手臂左右摆动限位检测使用的是三线电感式传感器（也称电感式接近开关），其中一根线接 PLC 的输入信号端子，一根线接外部电源 24V（接 PLC 面板 1214C 1M），另一根接外部电源 0V。

PLC 的输出负载均为电磁换向阀的线圈。

（5）识读气动回路图

机械手搬运工作主要是通过电磁换向阀改变气缸运动方向来实现的。

1）气路组成。如图 2-9 所示，气动回路中的气动控制元件是 4 个两位五通双控电磁换向阀及 8 个节流阀；气动执行元件分别是气动手爪、提升气缸、伸缩气缸、旋转气缸；同时气路配有气动二联件及气源等辅助元件。

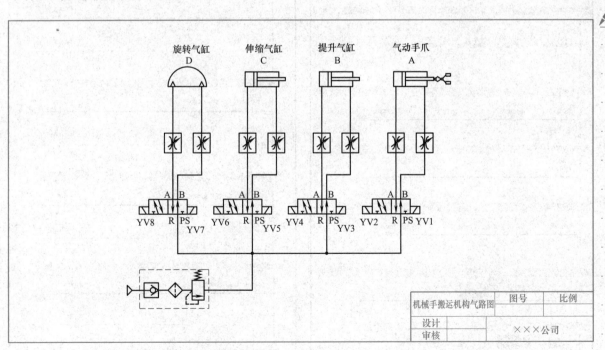

图 2-9 机械手搬运机构气动回路图

2）工作原理。机械手搬运机构气动回路的动作原理见表 2-2。

以旋转气缸 D 为例来分析：若 YV7 得电、YV8 失电，电磁换向阀 B 口出气、A 口回气，从而控制旋转气缸 D 反转，手臂左摆；若 YV7 失电、YV8 得电，电磁换向阀 A 口出气、B 口回气，从而改变气动回路的气压方向，旋转气缸 D 正转，手臂右摆。机构的其他气动回路工作原理与之相同。

表 2-2 控制元件、执行元件状态一览表

电磁阀换向线圈得电情况								执行元件状态	机构任务
YV1	YV2	YV3	YV4	YV5	YV6	YV7	YV8		
+	−							气动手爪 A 夹紧	手爪夹紧
−	+							气动手爪 A 放松	手爪放松
		+						提升气缸 B 活塞杆缩回	手爪提升
		−	+					提升气缸 B 活塞杆伸出	手爪下降
				+				伸缩气缸 C 活塞杆伸出	手臂伸出
				−	+			伸缩气缸 C 活塞杆缩回	手臂缩回
						+	−	旋转气缸 D 正转	手臂右摆
						−	+	旋转气缸 D 反转	手臂左摆

（6）识读梯形图

图 2-10 为机械手搬运机构的梯形图。机械手搬运机构系统控制由"Main"程序块、"0-初始化"程序块和"2-搬运"程序块三部分组成。"Main"程序块主要实现设备的机械手搬运机构原位检测和起停控制，"0-初始化"程序块主要实现机械手搬运机构回初始位置（原位）的功能，"2-搬运"程序块主要实现机械手搬运机构往复搬运物料的功能。其动作过程如下：

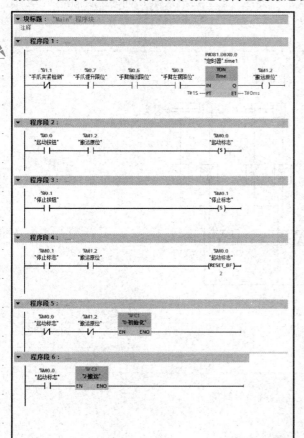
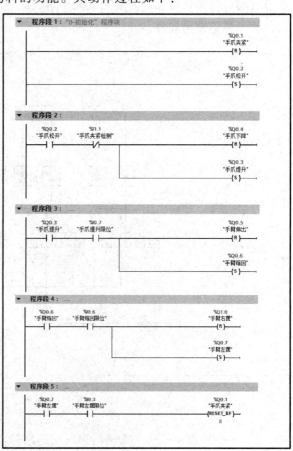

图 2-10 机械手搬运机构梯形图

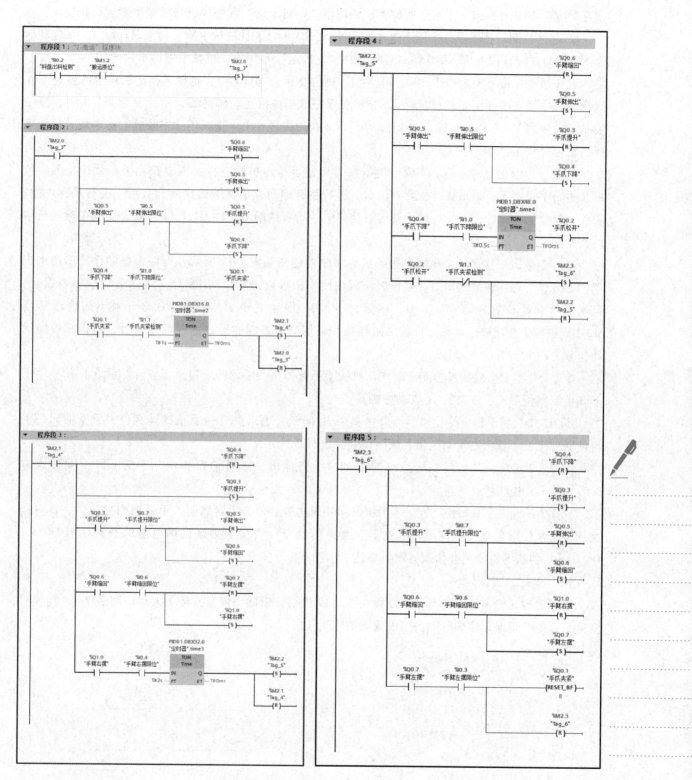

图 2-10　机械手搬运机构梯形图（续）

1）"Main" 程序块。

① 原位检测。本程序块程序段 1 中通过手爪放松、手爪提升、手臂缩回、手臂左摆四个位置的检测，并通过 "定时器" .time1 延时 1s 判定机械手是否稳定在初始位置。

若 "搬运原位" 标志 M1.2＝0，表示机械手不在初始位置。在程序段 5 中，若机械手搬运机构未起动 M0.0=0 且机械手不在初始位置,则调用"0-初始化"程序块进行机械手搬运机构复位。

② 起停控制。程序段 2 中按下起动按钮 SB5,I0.0=1,且机械手原位标志 M1.2=1,则起动标志 M0.0=1。程序段 6 中 M0.0=1,开始调用"2-搬运"程序块,机械手搬运机构开始工作。

程序段 3 中按下停止按钮 SB6,I0.1=1,则停止标志 M0.1=1,机械手搬运机构进入停止工作过程。程序段 4 中停止标志 M0.1=1,且机械手完成当前搬运动作回到初始位置后 M1.2=1,复位设备起动标志 M0.0 和停止标志 M0.1。M0.0=0 在程序段 6 中停止调用"2-搬运"程序块,机械手搬运机构停止工作。

2)"0-初始化"程序块。本程序块依次对机械手搬运机构进行手爪放松;手爪放松检测到位后,进行手爪提升;手爪提升检测到位后,进行手臂缩回;手臂缩回检测到位后,进行手臂左摆;手臂左摆检测到位后,复位机械手搬运机构得电的所有线圈 Q0.1~Q1.0=0,完成机械手搬运机构的初始化。

3)"2-搬运"程序块。机械手搬运机构顺序功能图如图 2-11 所示,可以根据顺序功能图来识读"2-搬运"程序块的梯形图。本程序块程序段 1 中料盘出料检测 I0.2=1 表示有物料需要搬运,且机械手初始位置标志 M1.2=1,则置位 M2.0,即建立步 M2.0。M2.0 常开触点闭合激活步 M2.0,机械手开始搬运动作。机械手搬运动作采用顺序控制的形式进行程序编写,将机械手搬运动作分为四个步 M2.0~M2.3。

步 M2.0 实现抓取物料功能。即气动机械手手臂伸出→手臂伸出检测到位后,手爪下降→手爪下降检测到位后,手爪夹紧 1s 抓取物料。

步 M2.1 机械手回安全位置。抓取物料 1s 时间到,手爪提升→手爪提升到位,手臂缩回→手臂缩回到位,手臂向右摆动→至右侧限位处,定时 2s。

步 M2.2 实现放置物料功能。2s 时间到,手臂伸出→手臂伸出到位,手爪下降→到位定时0.5s,手爪放松、释放物料。

步 M2.3 机械手回初始位置。手爪提升→手爪提升到位,手臂缩回→手臂缩回到位,手臂向左摆动→至左侧限位处,机械手回到初始位置,同时复位机械手搬运机构得电的所有线圈 Q0.1~Q1.0=0。再次等待物料开始新的物料搬运工作循环。

(7)制定施工计划

机械手搬运机构的组装与调试流程如图 2-12 所示。以此为依据,施工人员填写表 2-3,合理制定施工计划,确保在定额时间内完成规定的施工任务。

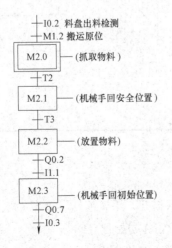

图 2-11 "2-搬运"程序块顺序功能图

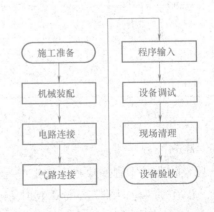

图 2-12 机械手搬运机构的组装与调试流程图

表 2-3 施工计划表

设备名称	施工日期	总工时/h	施工人数/人		施工负责人
机械手搬运机构					
序号	施工任务		施工人员	工序定额	备注
1	阅读设备技术文件				
2	机械装配、调整				
3	电路连接、检查				
4	气路连接、检查				
5	程序输入				
6	设备调试				
7	现场清理,技术文件整理				
8	设备验收				

2. 施工准备

(1) 设备清点

检查机械手搬运机构的部件是否齐全,并归类放置。机构的设备清单见表 2-4。

表 2-4 设备清单

序号	名称	型号规格	数量	单位	备注
1	伸缩气缸套件	CXSM15-100	1	套	
2	提升气缸套件	CDJ2KB16-75-B	1	套	
3	手爪套件	MHZ2-10D1E	1	套	
4	旋转气缸套件	CDRB2BW20-180S	1	套	
5	固定支架		1	套	
6	加料站套件		1	套	
7	料盘套件		1	套	
8	电感式传感器	NSN4-2M60-E0-AM	2	只	
9	光电传感器	E3Z-LS61	1	只	
10	磁性传感器	D-59B	1	只	手爪紧松
11		SIWKOD-Z73	2	只	手臂伸缩
12		D-C73	2	只	手爪升降
13	缓冲器		2	只	
14	PLC 模块	YL087、S7-1200 CPU 1214C+SM1223	1	块	
15	按钮模块	YL157	1	块	
16	电源模块	YL046	1	块	
17	螺钉	不锈钢内六角螺钉 M6×12	若干	只	
18		不锈钢内六角螺钉 M4×12	若干	只	
19		不锈钢内六角螺钉 M3×10	若干	只	
20	螺母	椭圆形螺母 M6	若干	只	
21		M4	若干	只	
22		M3	若干	只	
23	垫圈	$\phi 4$	若干	只	

（2）工具清点

设备组装工具清单见表2-5，施工人员应清点工具的数量，并认真检查其性能是否完好。

表 2-5　工具清单

序号	名称	规格、型号	数量	单位
1	工具箱		1	只
2	螺钉旋具	一字、100mm	1	把
3	钟表螺钉旋具		1	套
4	螺钉旋具	十字、150mm	1	把
5	螺钉旋具	十字、100mm	1	把
6	螺钉旋具	一字、150mm	1	把
7	斜口钳	150mm	1	把
8	尖嘴钳	150mm	1	把
9	剥线钳		1	把
10	内六角扳手（组套）	PM-C9	1	套
11	万用表		1	只

【任务实施】

根据制定的施工计划，按照顺序对机械手搬运机构实施组装，施工中应注意及时调整进度，保证定额。施工时必须严格遵守安全操作规程，加强安全保障措施，确保人身和设备安全。

1. 机械装配

（1）机械装配前的准备

按照要求清理现场、准备图样及工具，并参考图2-13安排装配流程。

图 2-13　机械装配流程图

（2）机械装配步骤

按图2-13组装机械手搬运机构。

1）划线定位。

2）安装旋转气缸。如图2-14所示，将旋转气缸的两个工作口装上节流阀后固定在安装支架上。固定节流阀时，既要保证连接可靠、密封，又不可用力过大，以防节流阀损坏。

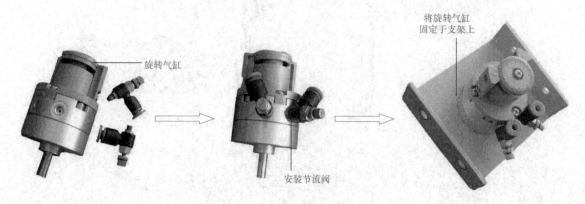

图 2-14　旋转气缸的组装过程

3）组装机械手支架。如图 2-15 所示，将旋转气缸的安装支架固定在机械手垂直主支架上，注意两主支架的垂直度、平行度，完成后装上弯脚支架。

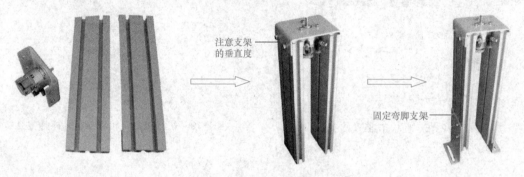

图 2-15　机械手支架的组装过程

4）组装机械手手臂。如图 2-16 所示，将提升臂支架固定在伸缩气缸的活塞杆上后，将其固定在手臂支架上。

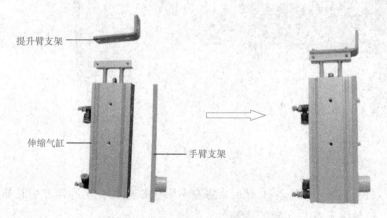

图 2-16　机械手手臂的组装过程

5）组装提升臂。如图 2-17 所示，将提升气缸装好节流阀后固定在提升臂支架上。

6）安装手爪。如图 2-18 所示，将气动手爪固定在提升气缸的活塞杆上。

7）固定磁性传感器。图 2-19 所示为机械手搬运机构所用的磁性传感器，将它们固定在其对应的气缸上，固定时要用力适中，避免损坏。完成后将手臂装在旋转气缸上，如图 2-20 所示。

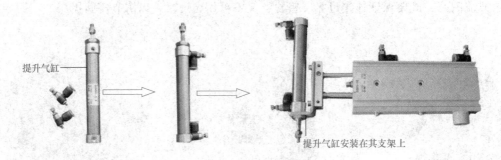

提升气缸

提升气缸安装在其支架上

图 2-17　提升臂的组装过程

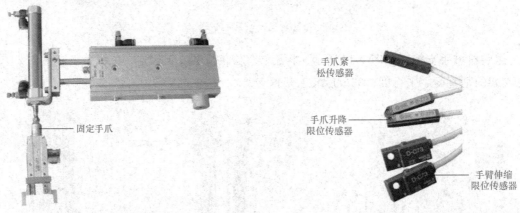

固定手爪

图 2-18　固定手爪

手爪紧
松传感器

手爪升降
限位传感器

手臂伸缩
限位传感器

图 2-19　机械手搬运机构所用的磁性传感器

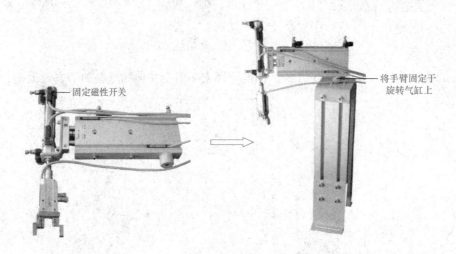

固定磁性开关

将手臂固定于
旋转气缸上

图 2-20　固定手臂

8）固定左右限位装置。如图 2-21 所示，将左右限位传感器、缓冲器及定位螺钉在其支架上装好后，将其固定于机械手垂直主支架的顶端。

9）固定机械手及出料口。如图 2-22 所示，将机械手及加料站出料口固定在定位处。注意需进行机械调整，确保机械手能准确无误地从出料口抓取物料。

10）固定物料料盘。如图 2-23 所示，将物料料盘固定在定位处，并进行机械调整，保证机械手能准确无误地将物料放进料盘中，同时注意让手爪下降的最低点与料盘盘底的距离大于两个物料的高度，避免调试时手爪撞击料盘内的物料。

11）固定电磁阀阀组。如图 2-24 所示，将电磁阀阀组固定在定位处。

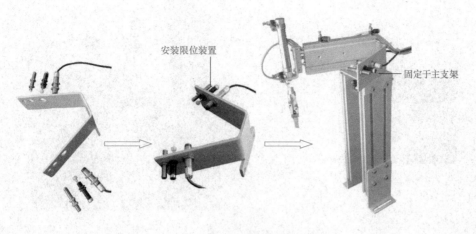

安装限位装置

固定于主支架

图 2-21　左右限位装置的安装过程

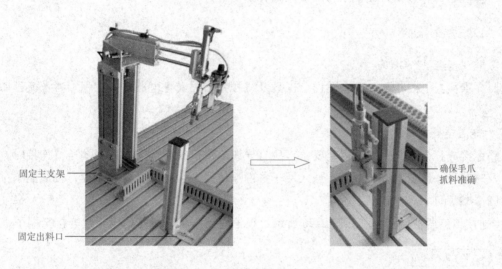

固定主支架

固定出料口

确保手爪
抓料准确

图 2-22　固定机械手及出料口

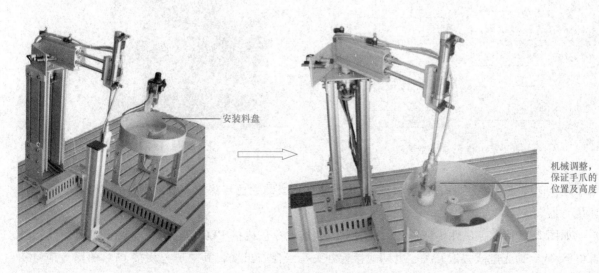

安装料盘

机械调整，
保证手爪的
位置及高度

图 2-23　固定物料料盘

固定电
磁阀阀组

图 2-24 固定电磁阀阀组

12）清理台面，保持台面无杂物或多余部件。

2. 电路连接

（1）电路连接前的准备

按照要求检查电源状态、准备图样、工具及线号管，并安排电路连接流程。参考流程如图 2-25 所示。

（2）电路连接步骤

电路连接应符合工艺、安全规范要求，所有导线应置于线槽内。导线与端子排连接时，应套线号管并及时编号，避免错编、漏编。插入端子排的连接线必须接触良好且紧固，接线端子排的功能分配如图 1-19 所示。

1）连接传感器至端子排。如图 2-26 所示，根据电路图将传感器的引出线连接至端子排。

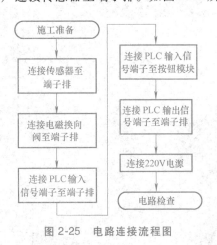

图 2-25 电路连接流程图

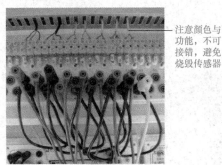

注意颜色与
功能，不可
接错，避免
烧毁传感器

图 2-26 输入端子接线

连接时要注意区分两线传感器与三线传感器引出线的颜色与功能，引出线不可接错，否则会损坏传感器。

如图 2-27 所示，磁性传感器有两根引出线，其中棕色线接 PLC 的输入信号端子、蓝色线接外部电源 0V。而光电式接近开关、电感式接近开关有三根引出线，其中黑色线接 PLC 的输入信号端子、棕色线接外部电源 24V、蓝色线接外部电源 0V。

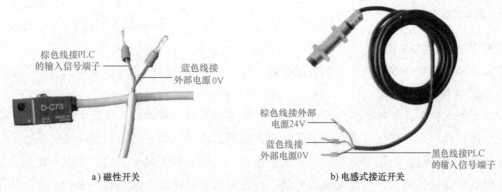

a) 磁性开关

棕色线接PLC
的输入信号端子
蓝色线接
外部电源0V

棕色线接外部
电源24V
蓝色线接
外部电源0V
黑色线接PLC
的输入信号端子

b) 电感式接近开关

图 2-27　磁性开关、电感式接近开关连接线

2）连接输出元件至端子排。机械手搬运机构 PLC 的输出元件都为电磁换向阀的线圈，根据电路图将它们的引出线连接至端子排。由于这些电磁换向阀被集束为一个单元，其内部将各个换向阀的进气口、排气口连通，称为阀组，故气路连接时只需一根引气管连接其进气口即可，如图 2-28 所示。

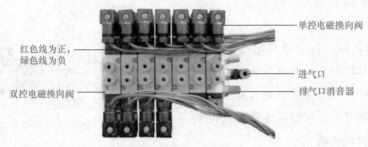

红色线为正，
绿色线为负
双控电磁换向阀

单控电磁换向阀

进气口
排气口消音器

图 2-28　电磁阀阀组

阀组中有两种电磁换向阀：两位五通双控电磁换向阀和两位五通单控电磁换向阀，所以施工人员应首先根据设备气路图及电路图，分配、明确及标识各电磁换向阀的具体控制功能，如哪只阀控制手爪气动回路、哪只阀控制旋转气缸气动回路等。再将确定功能的电磁换向阀线圈按端子分布图连接至端子排，如图 2-29 所示。

电磁换向阀线圈有两根引出线，其中红色线接 PLC 的输出信号端子（外部电源 24V），绿色线接外部电源 0V。若两线接反，则电磁换向阀的指示灯不能点亮，但不会影响电磁换向阀的动作功能。

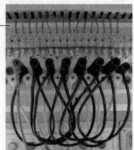

若正、负极接反，
则电磁阀线圈的
指示灯不亮

图 2-29　输出端子接线

3）连接 PLC 的输入信号端子至端子排。

4）通过端子排，将 PLC 的输入信号端子引至按钮模块。将输入信号端子与对应的端子排连接，同时将 1214C 1M 和外部电源 0V 连接。

5）连接 PLC 的输出信号端子至端子排。将输出信号端子与对应的端子排连接，同时将 1214C 1L/2L 和外部电源 24V 连接。

6）连接电源模块中的单相交流电源至 PLC 模块。

7）电路检查。

8）清理台面，将工具入箱。

3. 气动回路连接

（1）气路连接前的准备

按照要求检查空气压缩机状态、准备图样及工具，并安排气动回路连接步骤。

（2）气路连接步骤

YL-235A 型光机电设备气动回路的连接方法：快速接头与气管对接。气管插入接头时，应用手拿着气管端部轻轻压入，使气管通过弹簧片和密封圈到达底部，保证气动回路连接可靠、牢固、密封；气管从接头拔出时，应用手将管子向接头里推一下，然后压下接头上的压紧圈再拔出，禁止强行拔出。用软管连接气路时，不允许急剧弯曲，通常弯曲半径应大于其外径的 9~10 倍。管路的走向要合理，尽量平行布置，力求最短，弯曲要少且平缓，避免直角弯曲。

1）连接气源。如图 2-30 所示，用 φ6 气管连接空气压缩机与气动二联件，再将气动二联件与电磁换向阀阀组用 φ4 气管相连。剪割气管要垂直切断，尽量使截断面平整，并修去切口毛刺。

2）连接执行元件。根据气路图，将各气缸与其对应的电磁换向阀用 φ4 气管进行气路连接。

① 手爪气缸的连接。将手爪气缸气腔节流阀的气管接头分别与控制它的电磁换向阀的两个工作口相连。连接时，不可用力过猛，避免损坏气管接头而造成漏气现象；同时保证管路连接牢固，避免软管脱出引起事故。

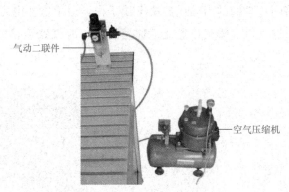

图 2-30 气源连接

② 提升气缸的连接。将提升气缸的气腔节流阀与控制它的电磁换向阀进行气路连接。

③ 伸缩气缸的连接。将伸缩气缸的气腔节流阀与控制它的电磁换向阀进行气路连接。

④ 旋转气缸的连接。将旋转气缸的气腔节流阀与控制它的电磁换向阀进行气路连接。

3）整理、固定气管。以保证机械手正常动作所需气管长度及安全要求为前提，对气管进行扎束固定，要求气管通路美观、紧凑，避免气管吊挂、杂乱、过长或过短等现象，如图 2-31 所示。

4）封闭阀组上的未用电磁换向阀的气路通道。阀组除了备有机械手机构所需的电磁换向阀外，还有未用电磁换向阀，因它们的进气口相通，故必须对本次施工中未用阀的气口进行封闭。如图 2-32 所示，将一根气管对折后用尼龙扎头扎紧，再将此气管的两端分别插入剩余电磁换向阀的两个工作口。

图 2-31 气路连接

图 2-32 未用电磁换向阀的气路封闭

5）清理杂物，将工具入箱。

4. 程序输入

启动西门子 PLC 编程软件，输入 2-10 所示梯形图。

1）启动西门子 PLC 编程软件。

2）创建新文件，选择 PLC 类型。

3）输入程序。

4）编译梯形图。

5）保存文件。

5. 设备调试

为了避免设备调试出现事故，确保调试工作顺利进行，施工人员必须进一步确认设备机械安装、电路安装及气路安装的正确性、安全性，做好设备调试前的各项准备工作，调试流程图如图 2-33 所示。

（1）设备调试前的准备

1）清扫设备上的杂物，保证无设备之外的金属物。

2）检查机械部分动作完全正常。

3）检查电路连接的正确性，严禁短路现象，加强传感器接线的检查，避免因接线错误而烧毁传感器。

4）检查气动回路连接的正确性、可靠性，绝不允许调试过程中有气管脱出现象。

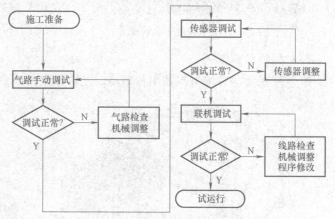

图 2-33　设备调试流程图

5）程序下载。

① 连接计算机与 PLC。

② 合上断路器，给设备供电。

③ 写入程序。

（2）气动回路手动调试

1）接通空气压缩机电源，起动空气压缩机压缩空气，等待气源充足。

2）将气源压力调整到工作范围（0.4~0.5MPa）。打开空气压缩机阀门，旋转气动二联件的调压手柄，将压力调到 0.4~0.5MPa，然后开启气动二联件上的阀门给机构供气，如图 2-34 所示。此时施工人员注意观察气路系统有无泄漏现象，若有，应立即解决，确保调试工作在无气体泄漏环境下进行。

3）如图 2-35 所示，在正常工作压力下，按照机械手动作节拍逐一进行手动调试，直至机构动作完全正常为止。对于出现的机械部分异常现象，施工人员应注意关闭气源，再进行排故工作；若需气路拆卸或改建，应关闭气源，待排净回路中的残余气体后方可重新搭建。手动调试时，不可将电磁换向阀锁死。若发现气缸动作方

压力调整到
0.4~0.5MPa

图 2-34　调节空气压力

向相反，对调其两个工作口的气管即可。

4）调整节流阀至合适开度，使气缸的运动速度趋于合理，避免动作速度过快而产生机械撞击。图 2-36 所示为气缸运动速度（手臂伸出速度）的调整。

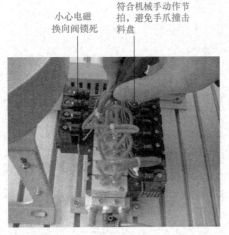

图 2-35 气动回路手动调试

图 2-36 调整气缸运动速度

（3）传感器调试

图 2-37 所示为伸缩气缸伸出传感器、左摆限位传感器及缓冲器的调整固定。

a) 伸缩气缸伸出传感器的位置调整

b) 左摆限位传感器及缓冲器的位置调整

图 2-37 传感器的调整固定

1）手动调试气缸使其动作到位，观察各限位传感器所对应的 PLC 输入指示灯状态。若能点亮，说明传感器及其位置正常；若不能点亮，需调整传感器的位置、检查传感器及其电路质量的好坏。

2）将物料放于加料站出料口，观察物料检测传感器对应的 PLC 输入指示灯状态。若能点亮，说明光电传感器及其位置正常；若不能点亮，需调整传感器的位置、调节光线漫反射灵敏度或检查传感器及其电路质量的好坏。

3）机械手复位至初始位置。

（4）联机调试

气路手动调试和传感器调试正常后，接通 PLC 输出负载的电源回路，进入联机调试阶段，此阶段要求施工人员认真观察设备的动作情况，若出现问题，应立即解决或切断电源，避免扩大故障范围。必须提醒的是，若程序有误，可能会使机械手手爪撞击料盘，导致手爪或提升气缸的作用杆损坏，因此起动系统后应首先重点调试观察如图 2-38 所示的几个主要部位。

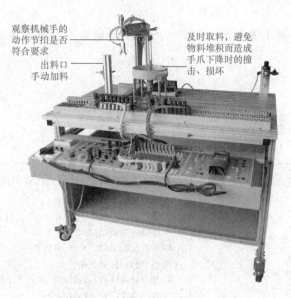

观察机械手的动作节拍是否符合要求

出料口手动加料

及时取料，避免物料堆积而造成手爪下降时的撞击、损坏

图 2-38 机械手搬运机构

表 2-6 为联机调试的正确结果，若调试中有与之不符的情况，施工人员首先应根据现场情况，判断是否需要切断电源，在分析、判断故障形成的原因（机械、电气或程序问题）的基础上，进行检修调试，直至设备完全实现功能。

表 2-6 联机调试结果一览表

步骤	操作过程	设备实现的功能	备注
1	PLC 上电（出料口无物料）	手爪放松	机构初始复位
		手爪提升	
		手臂缩回	
		手臂左摆	
2	按下起动按钮 SB5 给出料口加物料	手臂伸出	物料搬运
		手爪下降	
		手爪夹紧	
3	1s 后	手爪提升	
		手臂缩回	
		手臂右摆	
4	右摆到位 2s 后	手臂伸出	
		手爪下降	
5	下降到位 0.5s 后	手爪放松	
		手爪提升	
		手臂缩回	
		手臂左摆到位后停在初始位置	
6	重新加料，按下停止按钮 SB6，机构完成当前工作循环后停止工作		

（5）试运行

施工人员操作机械手搬运机构，运行、观察一段时间，确保设备合格、稳定、可靠。

6. 现场清理

设备调试完毕，要求施工人员清点工具，归类整理资料，清扫现场卫生，并填写设备安装登记表。

7. 设备验收

设备质量验收表见表2-7。

表2-7　设备质量验收表

验收项目及要求		配分	配分标准	扣分	得分	备注
设备组装	1. 设备部件安装可靠，各部件位置衔接准确 2. 电路安装正确，接线规范 3. 气路连接正确，规范美观	35	1. 部件安装位置错误，每处扣2分 2. 部件衔接不到位、零件松动，每处扣2分 3. 电路连接错误，每处扣2分 4. 导线反圈、压皮、松动，每处扣2分 5. 错、漏编号，每处扣1分 6. 导线未入线槽、布线凌乱，每处扣2分 7. 气路连接错误，每处扣2分 8. 气路漏气、掉管，每处扣2分 9. 气管过长、过短、乱接，每处扣2分			
设备功能	1. 设备起停正常 2. 手爪夹紧放松正常 3. 手爪提升下降正常 4. 手臂伸出缩回正常 5. 手臂左右摆动正常 6. 机械手搬运机构动作准确、完整	60	1. 设备未按要求起动或停止，每处扣10分 2. 手爪未按要求夹紧、放松，每处扣5分 3. 手爪未按要求升降，扣10分 4. 手臂未按要求伸缩，扣10分 5. 手臂未按要求摆动，扣10分 6. 物料不能准确搬运，扣10分			
设备附件	资料齐全，归类有序	5	1. 设备组装图缺少，扣2分 2. 电路图、梯形图、气路图缺少，扣2分 3. 技术说明书、工具明细表、元件明细表缺少，扣2分			
安全生产	1. 自觉遵守安全文明生产规程 2. 保持现场干净整洁，工具摆放有序		1. 漏接地线，每处扣5分 2. 每违反一项规定，扣3分 3. 发生安全事故，按0分处理 4. 现场凌乱、乱放工具、乱丢杂物、完成任务后不清理现场，扣5分			
时间	6h		提前正确完成，每5min加5分 超过定额时间，每5min扣2分			
开始时间		结束时间		实际时间		

【设备改造】

机械手搬运机构的改造

改造要求及任务如下：

（1）功能要求

1）复位功能。PLC上电，机械手手爪放松、手爪上升、手臂缩回、手臂左摆至左侧限位处停止。

2）搬运功能。机构起动后，若加料站出料口上有物料→提升臂伸出，手爪下降→到位后，手爪抓物夹紧 1s→时间到，提升臂缩回，手爪提升→到位后机械手臂右摆→至右侧限位，定时 2s 后手臂伸出→到位后提升臂伸出，手爪下降→到位后定时 0.5s，手爪放松、放下物料→手爪放松到位后，提升臂缩回，手爪提升→到位后机械手臂缩回→到位后机械手臂左摆至左侧限位处，等待物料开始新的工作循环（与项目二不同，本机构起动后，手爪是直接下降抓取物料，故应调整加料站的位置方可实现功能）。

（2）技术要求

1）工作方式要求。机构有两种工作方式：单步运行和自动运行。

2）系统的起停控制要求：

① 按下起动按钮，机构开始工作。

② 按下停止按钮，机构完成当前工作循环后停止。

③ 按下急停按钮，机构立即停止工作。

3）电源要有信号指示灯，电气线路的设计符合工艺要求、安全规范。

4）气动回路的设计符合控制要求、正确规范。

（3）工作任务

1）按机构要求画出电路图。

2）按机构要求画出气路图。

3）按机构要求编写 PLC 控制程序。

4）改装机械手搬运机构实现功能。

5）绘制设备装配示意图。

项目三　物料传送及分拣机构的组装与调试

1. 会识读物料传送及分拣机构的设备技术文件，了解物料传送及分拣机构的控制原理。

2. 会识读物料传送及分拣机构的装配示意图，能根据装配示意图组装物料传送及分拣机构。

3. 会识读物料传送及分拣机构的电路图，能根据电路图连接物料传送及分拣机构电气回路。

4. 会识读西门子 G120C 型变频器模块技术资料，知道 G120C 型变频器接线端子及面板功能和参数设置。

5. 会识读物料传送及分拣机构的梯形图，能输入梯形图、设置变频器参数，并调试物料传送及分拣机构实现功能。

6. 会制定物料传送及分拣机构的组装与调试方案，能按照施工手册和施工流程作业。

7. 能严格遵守电气线路接线规范，做到认真细致，养成一丝不苟的施工习惯。

8. 能自觉遵守安全生产规程，做到施工现场干净整洁，工具摆放有序。

9. 会查阅资料，改造物料传送及分拣机构，使其增加打包功能。

【施工任务】

1. 根据设备装配示意图组装物料传送及分拣机构。
2. 按照设备电路图连接物料传送及分拣机构的电气回路。
3. 按照设备气路图连接物料传送及分拣机构的气动回路。
4. 输入设备控制程序，正确设置变频器的参数，调试物料传送及分拣机构实现功能。

【施工前准备】

物料传送及分拣机构为 YL-235A 型光机电设备的终端（YL-235A 型光机电设备的分拣装置有三个料槽。考虑到项目的难度，本次任务只进行两槽分拣机构的组装）。与前面一样，施工前应仔细阅读设备随机技术文件，了解机构的组成及其运行情况，看懂组装图、电路图、气动回路图及梯形图等图样，然后再根据施工任务制定施工计划、施工方案等。

1. 识读设备图样及技术文件

（1）装置简介

物料传送及分拣机构主要实现对入料口落下的物料进行输送，并按物料性质进行分类存放的功能，其工作流程如图 3-1 所示。

1）起停控制。按下起动按钮，机构开始工作。按下停止按钮，机构完成当前工作循环后停止。

2）传送功能。当传送带落料口的光电传感器检测到物料 0.5s 后，变频器起动，驱动三相异步电动机以转速 650r/min 正转运行，传送带开始自左向右输送物料，分拣完毕，传送带停止运转。

3）分拣功能

① 分拣金属物料。当起动推料一传感器检测到金属物料 0.1s 后，传送带停止运行。推料一气缸（简称气缸一）动作，活塞杆伸出，将它推入料槽一内。当推料一气缸伸出限位传感器检测到活塞杆伸出到位后，活塞杆缩回；缩回限位传感器检测到气缸缩回到位后完成金属物料的分拣。

② 分拣白色塑料物料。当起动推料二传感器检测到白色塑料物料 0.1s 时，传送带停止运行。推料二气缸（简称气缸二）动作，活塞杆伸出，将它推入料槽二内。当推料二气缸伸出限位传感器检测到活塞杆伸出到位后，活塞杆缩回；缩回限位传感器检测到气缸缩回到位后完成白色塑料物料的分拣。

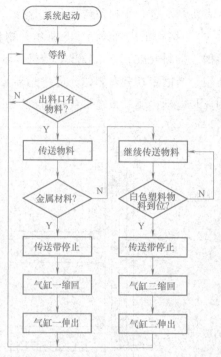

图 3-1　物料传送及分拣机构工作流程图

（2）识读装配示意图

物料传送及分拣机构的设备布局如图 3-2 所示，它主要由两部分组成：传送装置和分拣装置，

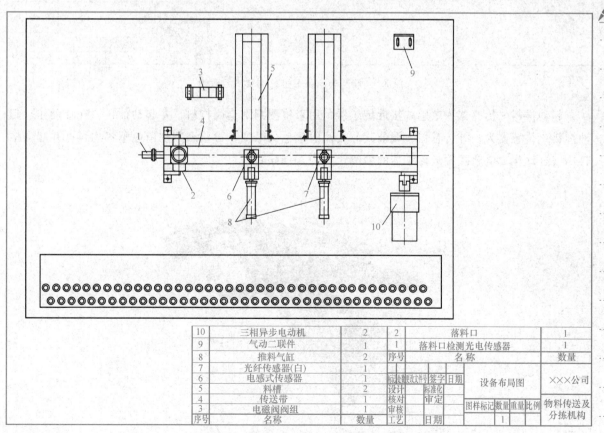

10	三相异步电动机	2	2	落料口		1
9	气动二联件	1	1	落料口检测光电传感器		1
8	推料气缸	2	序号	名　称		数量
7	光纤传感器(白)	1				
6	电感式传感器	1	标记 处数 更改文件号 签字 日期	设备布局图		×××公司
5	料槽	2	设计		标准化	
4	传送带	1	核对		审定	
3	电磁阀阀组	1	审核	图样标记	数量 重量 比例	物料传送及分拣机构
序号	名　称	数量	工艺 日期		1 1	

图 3-2　物料传送及分拣机构设备布局图

两者协调配合，平稳传送、迅速分拣。

1）结构组成。如图3-3所示，物料传送及分拣机构由落料口、直线传送线（简称传送带）、料槽、推料气缸、三相异步电动机、电磁换向阀及检测传感器等组成，其中落料口起物料入料定位作用，当固定在其左侧的光电传感器检测到物料时，便给 PLC 发出传送带起动信号，由此控制三相异步电动机驱动传送带传送物料。机构实物如图3-4所示。

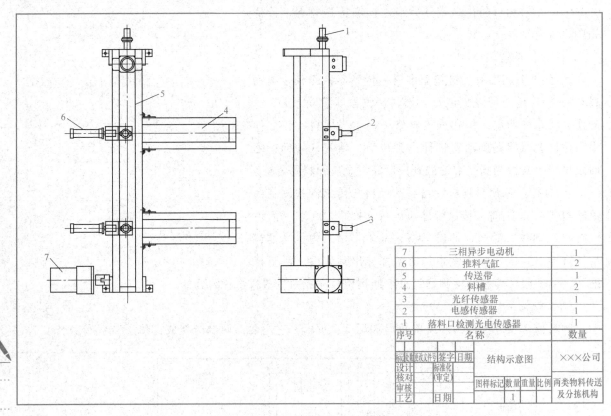

7	三相异步电动机	1
6	推料气缸	2
5	传送带	1
4	料槽	2
3	光纤传感器	1
2	电感传感器	1
1	落料口检测光电传感器	1
序号	名称	数量

标记 处数 更改文件号	签字	日期	结构示意图		×××公司
设计		标准化			
核对		(审定)		图样标记 数量 重量 比例	两类物料传送
审核					及分拣机构
工艺		日期		1	

图 3-3　物料传送及分拣机构结构示意图

起动推料一传感器为电感式接近传感器，用来检测判别金属物料，并起动推料一气缸动作。起动推料二传感器为光纤传感器，调节其放大器的颜色灵敏度，可检测判别白色塑料物料，并起动推料二气缸动作。电感式接近传感器的检测距离为 3~5mm。

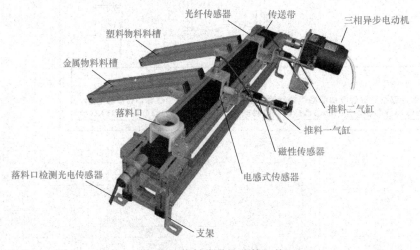

图 3-4　物料传送及分拣机构

2）尺寸分析。物料传送及分拣机构的各部件定位尺寸如图 3-5 所示。

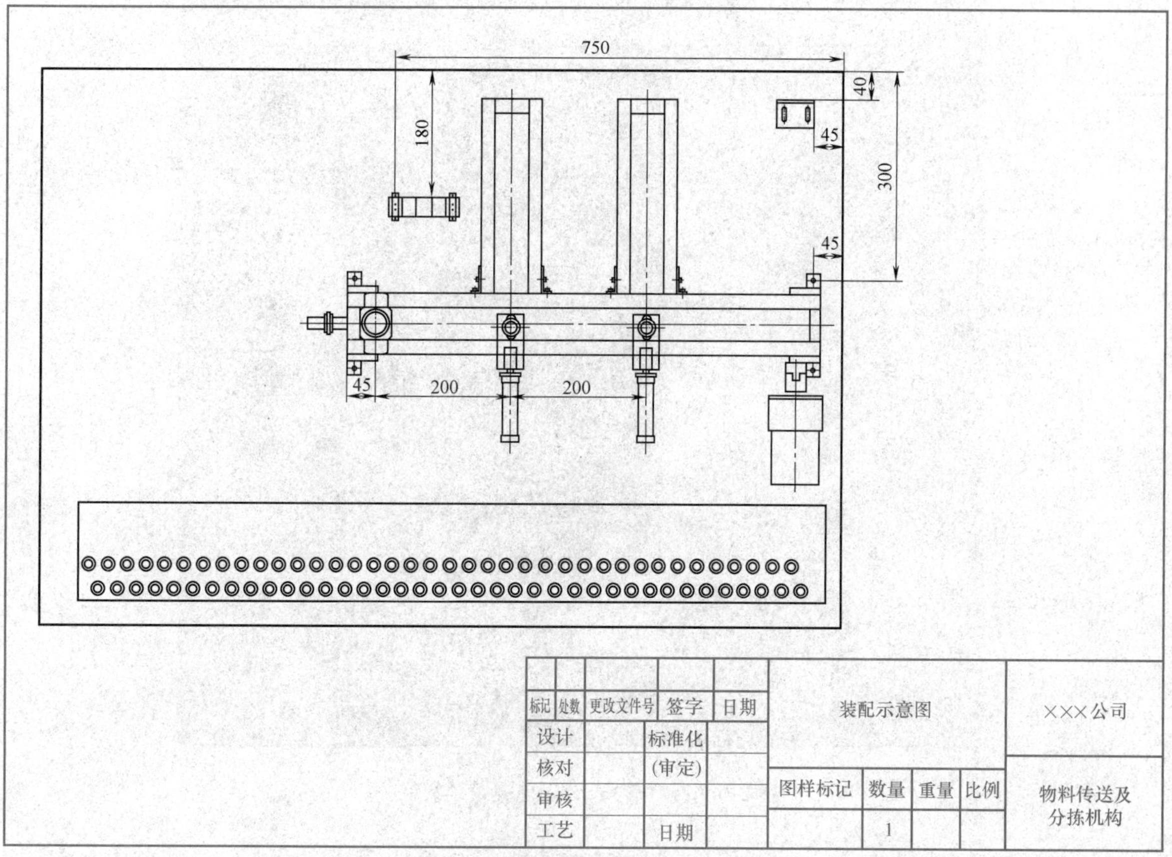
750
180
40
45
300
45
45
200
200
标记
处数
更改文件号
签字
日期
装配示意图
×××公司
设计
标准化
核对
(审定)
审核
工艺
日期
图样标记
数量
重量
比例
1
物料传送及分拣机构

图 3-5　物料传送及分拣机构装配示意图

（3）识读变频器相关技术文件

YL-235A 型光机电设备使用西门子 G120C 型变频器模块对电动机进行变频调速的拖动控制。图 3-6 所示为西门子 G120C 型变频器模块，通过其外部控制端子、操作面板改变或设定运行参数，达到控制电动机拖动的目的。

1）外部接线端子。西门子 G120C 型变频器的外部接线端子主要由主电路接线端子和控制电路接线端子两部分组成。

① 主电路接线端子。主电路接线端子如图 3-6 下半部分所示，各端子功能见表 3-1。

表 3-1　主电路接线端子的功能

序号	接线端子名称	端子功能	要点提示
1	输入电源端子（L1、L2、L3）	用于输入三相工频电源	为安全起见，电源输入通过接触器、漏电断路器或无熔丝断路器与插头接入
2	输出端子（U、V、W）	用于变频器输出	接三相笼型异步电动机
3	接地端子⏚（左侧）	用于输入电源保护接地	必须接大地
4	接地端子⊜（右侧）	用于变频器外壳接地	必须接大地

② 控制电路接线端子。控制电路接线端子如图 3-6 左右两侧部分所示，各端子功能见表 3-2。

2）操作面板。如图 3-7 所示为西门子 G120C 型变频器的基本操作面板（BOP-2），它的上半部分为显示部分，下半部分为按键部分。

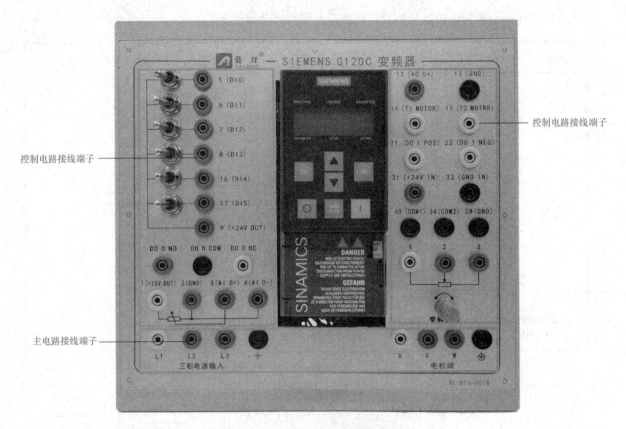

图 3-6　西门子 G120C 型变频器模块

表 3-2　控制电路接线端子的功能

端子号	接线端子名称	端子功能
1	+10V OUT	+10V 输出,最大电流 10mA
2	GND	总参考电位
3	AI0+	模拟量输入 0(−10~10V;0/4~20mA)
4	AI0−	模拟量输入 0 的参考电位
5	DI0	数字量输入 0
6	DI1	数字量输入 1
7	DI2	数字量输入 2
8	DI3	数字量输入 3
9	+24V OUT	+24V 输出,最大电流 100mA
10	AO0+	模拟量输出 0(0~10V;0~20mA)
11	GND	总参考电位
12	T1 MOTOR	电动机温度传感器(热敏电阻、KTY84 或双金属常闭开关)
13	T2 MOTOR	电动机温度传感器(热敏电阻、KTY84 或双金属常闭开关)
14	DI4	数字量输入 4
15	DI5	数字量输入 5
16	DO0 NC	数字量输出 0,常闭触点,0.5A,DC 30V
17	DO0 NO	数字量输出 0,常开触点,0.5A,DC 30V
18	DO0 COM	数字量输出 0,公用触点,0.5A,DC 30V
19	DO1+	数字量输出 1,正极,0.5A,DC 30V

（续）

端子号	接线端子名称	端子功能
20	DO1-	数字量输出1,负极,0.5A,DC 30V
21	GND	总参考电位
22	+24V IN	18~30V 可选电源,电流0.5A
23	GND IN	
24	DI COM2	数字量输入公共端2
25	DI COM1	数字量输入公共端1

图 3-7　操作面板

① 按键。利用基本操作面板（BOP-2）可以改变变频器的各个参数。西门子 G120C 型变频器基本操作面板（BOP-2）上的按键功能见表 3-3。

表 3-3　基本操作面板（BOP-2）的按键功能

序号	显示按钮	功能	功能的说明
1	OK	确认键	(1)浏览菜单时,按确认键确定选择一个菜单项 (2)进行参数操作时,按确认键允许修改参数。再次按确认键,确认输入的值并返回上一页 (3)在故障屏幕,确认键用于清除故障
2	▲	向上键	(1)浏览菜单时,按向上键向上移动选择 (2)编辑参数值时增加显示值 (3)如果激活手动模式和点动模式,同时长按向上键和向下键有以下作用: 　—当反向功能开启时,关闭反向功能 　—当反向功能关闭时,开启反向功能
3	▼	向下键	(1)浏览菜单时,按向下键向下移动选择 (2)编辑参数值时减小显示值
4	ESC	退出键	(1)如果按下时间不超过2s,则BOP-2返回到上一页,或者如果正在编辑数值,新数值不会被保存 (2)如果按下时间超过3s,则BOP-2返回到状态屏幕 (3)在参数编辑模式下使用退出键时,除非先按确认键,否则数据不能被保存
5	I	开机/运行键	(1)在自动模式下,开机键未被激活,即使按下它也会被忽略 (2)在手动模式下,变频器起动,变频器将显示驱动器运行图标

（续）

序号	显示按钮	功能	功能的说明
6	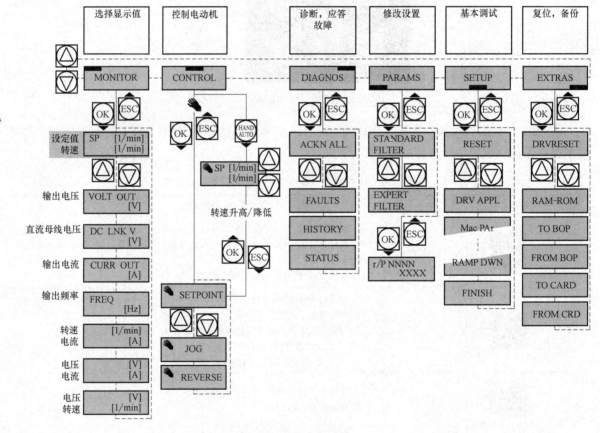 ○	关机键	(1)在自动模式下,关机键不起作用,即使按下它也会被忽略 (2)如果按下时间超过 2s,变频器将执行 OFF2 命令;电动机将关闭停机 (3)如果按下时间不超过 3s,变频器将执行以下操作: —如果两次按关机键不超过 2s,将执行 OFF2 命令 —如果在手动模式下,变频器将执行 OFF1 命令;电动机将在参数 P1121 中设置的减速时间内停机
7	HAND AUTO	手动/自动键	手动/自动键切换 BOP(手动)和现场总线(自动)之间的命令源: (1)在手动模式下,按手动/自动键将变频器切换到自动模式,并禁用开机和关机键 (2)在自动模式下,按手动/自动键将变频器切换到手动模式,并启用开机和关机键 在电动机运行时也可切换手动模式和自动模式

② BOP-2 的菜单结构。使用 BOP-2 操作西门子 G120C 型变频器的菜单结构,具体如图 3-8 所示。

图 3-8 BOP-2 菜单结构

③ 参数值的更改。变频器设置是通过修改变频器中的参数值来修改的。变频器只允许更改可写参数(以"P"开头的参数)的值,不允许更改只读参数(以"r"开头的参数)的值。按照表 3-4 所示步骤,使用 BOP-2 更改可写参数。

④ 西门子 G120C 型变频器基本参数的设定值见表 3-5。

表 3-4　更改参数的数值

	操作步骤	显示的结果
1	按 ESC 键进入初始化界面	SP　0.0 1/min　0.0 1/min
2	按 ▲ 或 ▼ 键直到显示出"PARAMS"	PARAMS
3	按 OK 键进入"STANDARD"或"EXPERT"界面	STANDARD FILtEr
4	按 ▲ 或 ▼ 键进入参数设置界面	r2 闪烁 42
5	按 ▲ 或 ▼ 键选择 P0003 参数闪烁	P3 闪烁 3
6	按 OK 键确认和存储 P0003 参数值	P3 闪烁 ③
7	按 ESC 键取消参数 P0003 的设定	P3 闪烁 ③
8	参数修改中	-BUSY-

注：表 3-4 第 3 步骤中，在"修改设置（PARAMS）"菜单下，"STANDARD"表示变频器只显示重要参数，"EXPERT"表示变频器显示所有参数。

第 4 步骤中，可以按"上"或"下"键选择需要设置的参数；也可以按下"OK"键，保持 2s，然后依次输入参数号找到需要设置的参数。

第 6 步骤中，可以按向上或向下键修改参数值；也可以按确认键，保持 2s，然后依次输入参数值进行参数值的修改。

表 3-5　西门子 G120C 型变频器基本参数设定

序号	参数代号	设置值	说　　明
1	P0010	30	参数复位
2	P0970	1	起动参数复位
3	P0010	1	快速调试
4	P0015	1	宏连接
5	P0300	1	设置为异步电动机
6	P0304	380V	电动机额定电压
7	P0305	0.18A	电动机额定电流
8	P0307	0.03kW	电动机额定功率
9	P0310	50Hz	电动机额定频率
10	P0311	1300r/min	电动机额定转速
11	P1021	r0722.3	转速 1 的信号源为 DI3
12	P1002	650r/min	转速 1 设定固定值
13	P1003	390r/min	转速 2 设定固定值
14	P1004	1040r/min	转速 3 设定固定值

(续)

序号	参数代号	设置值	说　　明
15	P1082	1300r/min	最大转速
16	P1120	0.1s	加速时间
17	P1121	0.1s	减速时间
18	P1900	0	电动机数据检查
19	P0010	0	电动机就绪
20	P0971	1	保存参数

（4）识读电路图

如图3-9所示，PLC输入信号端子接起停按钮、光电传感器、电感式传感器、光纤传感器及磁性传感器，输出信号端子接驱动电磁换向阀的线圈。

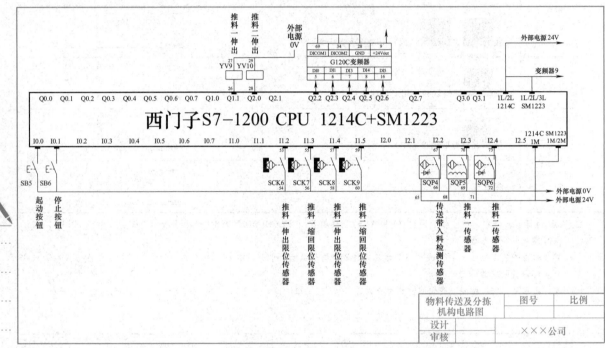

图3-9　物料传送与分拣机构电路图

物料传送装置主要由PLC输出供给变频器正转及转速1起动信号，驱动传送带以转速1速度正转。物料分拣装置主要由电磁换向阀控制推料气缸的伸缩，实现物料的分拣。

1）PLC机型。机型为西门子SIMATIC S7-1200 CPU 1214C AC/DC/Rly和SM1223 DC/RLY型信号模块。

2）I/O点分配。PLC输入/输出设备及I/O点数的分配情况见表3-6。

表3-6　输入/输出设备及I/O点分配

输入			输出		
元件代号	功能	输入点	元件代号	功能	输出点
SB5	起动按钮	I0.0	YV9	推料一伸出	Q1.1
SB6	停止按钮	I0.1	YV10	推料二伸出	Q2.0
SCK6	推料一伸出限位传感器	I1.2	DI0	变频器正转	Q2.2
SCK7	推料一缩回限位传感器	I1.3	DI1	变频器反转	Q2.3

（续）

输入			输出		
元件代号	功能	输入点	元件代号	功能	输出点
SCK8	推料二伸出限位传感器	I1.4	DI3	变频器转速 1	Q2.4
SCK9	推料二缩回限位传感器	I1.5	DI4	变频器转速 2	Q2.5
SQP4	传送带入料检测传感器	I2.2	DI5	变频器转速 3	Q2.6
SQP5	推料一传感器	I2.3			
SQP6	推料二传感器	I2.4			

3）输入/输出设备连接特点。入料口检测光电传感器为三线漫反射型光电传感器，起动推料一传感器为三线电感式传感器，起动推料二传感器是三线光纤传感器。

（5）识读气动回路图

机构的分拣功能主要是通过电磁换向阀控制推料气缸的伸缩来实现的。

1）气路组成。如图 3-10 所示，物料传送及分拣机构气动回路中的控制元件是 2 个两位五通单控电磁换向阀及 4 个节流阀；气动执行元件是推料一气缸 E 和推料二气缸 F。

2）工作原理。机械手搬运机构气动回路的动作原理见表 3-7，若 YV9 得电，单控电磁换向阀 A 口出气、B 口回气，气缸 E 伸出，将金属物料推入料槽一内；若 YV9 失电，单控电磁换向阀则在弹簧作用下复位，A 口回气、B 口出气，从而改变气动回路的气压方向，气缸 E 缩回，等待下一次分拣。推料二气缸的气动回路工作原理与之相同。

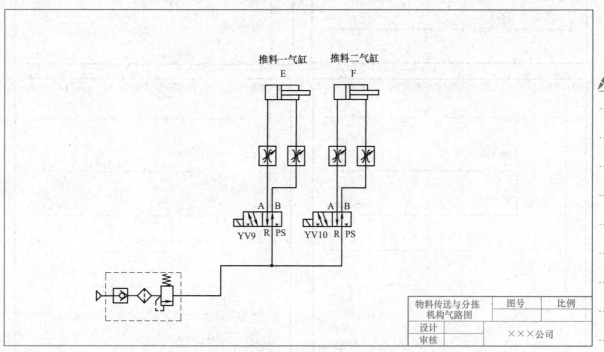

图 3-10　物料传送与分拣机构气路图

表 3-7　控制元件、执行元件状态一览表

电磁阀换向线圈得电情况		执行元件状态	机构任务
YV9	YV10		
+		推料一气缸 E 伸出	分拣金属物料
−		推料一气缸 E 缩回	等待分拣
	+	推料二气缸 F 伸出	分拣白色塑料物料
	−	推料二气缸 F 缩回	等待分拣

（6）识读梯形图

图 3-11 为物料传送及分拣机构梯形图。物料传送及分拣机构系统控制由"Main"程序块和

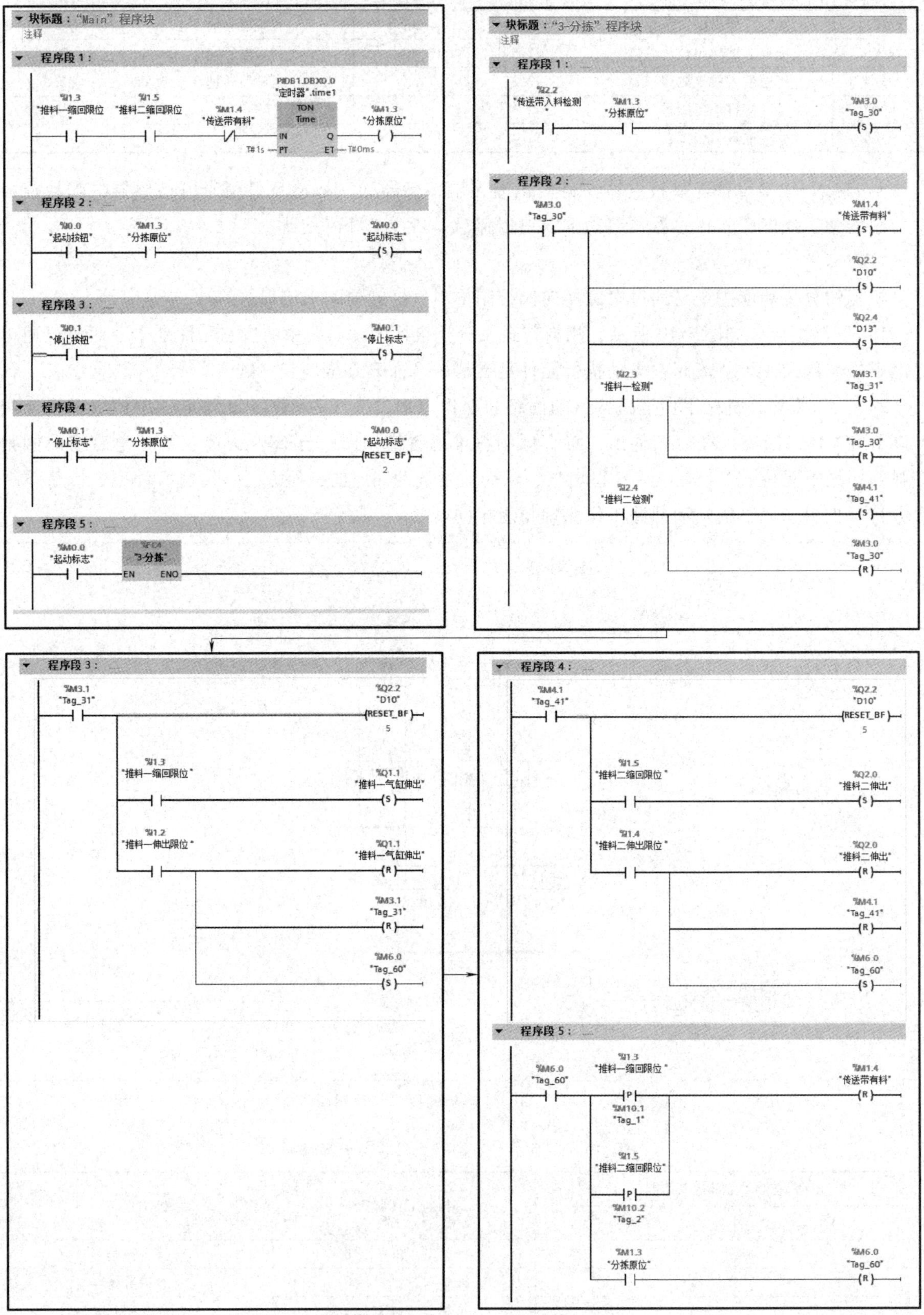

图 3-11　物料传送及分拣机构梯形图

"3-分拣"程序块两部分组成,"Main"程序块主要实现设备的物料传送及分拣机构的原位检测和起停控制,"3-分拣"程序块主要实现物料传送功能、分拣机构中传送带的运行功能和物料分拣功能。其动作过程如下:

1)"Main"程序块。

① 原位检测。程序段 1 中通过推料一缩回限位检测 I1.3=1、推料二缩回限位检测 I1.5=1、传送带有料检测标志 M1.4=0,然后"定时器".time1 延时 1s 判定物料传送及分拣机构是否稳定在初始位置。若在初始位置,分拣原位标志 M1.3=1;若不在初始位置,分拣原位标志 M1.3=0。

② 起停控制。程序段 2 中按下起动按钮 SB5,I0.0=1,且分拣原位标志 M1.3=1,则起动标志 M0.0=1。程序段 5 中 M0.0=1,开始调用"3-分拣"程序块,物料传送及分拣机构开始工作。

程序段 3 中按下停止按钮 SB6,I0.1=1,则停止标志 M0.1=1,物料传送及分拣机构进入停止工作过程。程序段 4 中停止标志 M0.1=1,且分拣原位标志 M1.3=1,复位起动标志 M0.0 和停止标志 M0.1。M0.0=0 在程序段 5 中停止调用"3-分拣"程序块,物料传送及分拣机构停止工作。

2)"3-分拣"程序块。本程序块以顺序控制的流程进行,配合图 3-12 所示顺序控制功能图进行梯形图的识读。

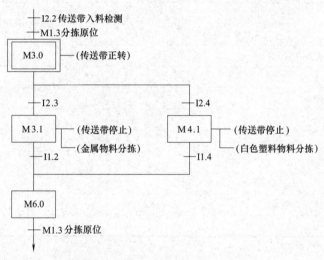

图 3-12　"3-分拣"程序块顺序控制功能图

程序段 1 中,若入料检测传感器检测到有物料落入传送带 I2.2=1,且分拣原位标志 M1.3=1,则置位 M3.0,即建立步 M3.0。M3.0 常开触点闭合激活步 M3.0,物料传送与分拣机构开始工作。

步 M3.0 实现物料的传送。首先置位 M1.4=1,表示当前传送带上有物料需要进行分拣,此时分拣原位标志 M1.3=0,禁止再次投料。然后置位输出变频器方向信号,Q2.2=1,同时置位变频器速度信号,Q2.4=1,三相异步电动机以转速 650r/min 正转运行,拖动传送带自左向右输送物料。若推料一传感器检测到金属物料 I2.3=1,则复位 M3.0,置位 M3.1,即复位步 M3.0,建立步 M3.1 分支;若推料二传感器检测到白色塑料物料 I2.4=1,则复位 M3.0,置位 M4.1,即复位步 M3.0,建立步 M4.1 分支。

步 M3.1 实现金属物料的分拣。M3.1 常开触点闭合激活步 M3.1,首先批量复位 Q2.2~Q2.6=0,传送带停止运行。若推料一缩回限位 I1.3=1,置位输出 Q1.1=1,推料一气缸伸出,将金属物料分拣至料槽一。推料一气缸伸出到位后 I1.2=1,复位输出 Q1.1=0,推料一气缸缩回,完成金属物料的分拣。同时复位 M3.1,置位 M6.0,即复位步 M3.1,建立步 M6.0。

步 M4.1 实现白色塑料物料的分拣。M4.1 常开触点闭合激活步 M4.1,首先批量复位 Q2.2~

Q2.6＝0，传送带停止运行。若推料二缩回限位 I1.5＝1，置位输出 Q2.0＝1，推料二气缸伸出，将白色塑料物料分拣至料槽二。推料二气缸伸出到位后 I1.4＝1，复位输出 Q2.0＝0，推料二气缸缩回，完成白色塑料物料的分拣。同时复位 M4.1，置位 M6.0，即复位步 M4.1，建立步 M6.0。

步 M6.0 是步 M3.1 和步 M4.1 的汇合。推料一缩回限位 I1.3 或推料二缩回限位 I1.5 的上升沿信号复位 M1.4＝0，表示当前传送带上的物料已分拣完成，"定时器".time1 延时 1s 后分拣原位标志 M1.3＝1，复位 M6.0，即复位步 M6.0。

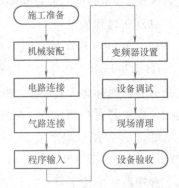

图 3-13　物料传送及分拣机构的组装与调试流程图

（7）制定施工计划

物料传送及分拣机构的组装与调试流程如图 3-13 所示。以此为依据，施工人员填写表 3-8，合理制定施工计划，确保在定额时间内完成规定的施工任务。

表 3-8　施工计划表

设备名称	施工日期		总工时/h		施工人数/人		施工负责人
物料传送及分拣机构							
序号	施工任务				施工人员	工序定额	备注
1	阅读设备技术文件						
2	机械装配、调整						
3	电路连接、检查						
4	气路连接、检查						
5	程序输入						
6	设置变频器参数						
7	设备调试						
8	现场清理，技术文件整理						
9	设备验收						

2. 施工准备

（1）设备清点

检查物料传送及分拣机构的部件是否齐全，并归类放置，其设备清单见表 3-9。

表 3-9　设备清单

序号	名称	型号规格	数量	单位	备注
1	传送带套件	50cm×700cm	1	套	
2	推料气缸套件	CDJ2KB10-60-B	2	套	
3	料槽套件		2	套	
4	电动机及安装套件	380V、25W	1	套	
5	落料口		1	个	
6	电感式传感器及其支架	NSN4-2M60-E0-AM	1	套	
7	光电传感器及其支架	GO12-MDNA-A	1	套	落料口
8	光纤传感器及其支架	E3X-NA11	1	套	
9	磁性传感器	D-C73	4	套	

（续）

序号	名称	型号规格	数量	单位	备注
10	PLC 模块	YL087、SIMATIC S7-1200 CPU 1214C +SM1223	1	块	
11	按钮模块	YL157	1	块	
12	变频器模块	G120C	1	块	
13	电源模块	YL046	1	块	
14	螺钉	不锈钢内六角螺钉 M6×12	若干	只	
15	螺母	不锈钢内六角螺钉 M4×12	若干	只	
16		不锈钢内六角螺钉 M3×10	若干	只	
17		椭圆形螺母 M6	若干	只	
18	垫圈	M4	若干	只	
19		M3	若干	只	
20		φ4	若干	只	

（2）工具清点

设备组装工具清单见表 3-10，施工人员应清点工具的数量，并认真检查其性能是否完好。

表 3-10　工具清单

序号	名称	规格、型号	数量	单位
1	工具箱		1	只
2	螺钉旋具	一字、100mm	1	把
3	钟表螺钉旋具		1	套
4	螺钉旋具	十字、150mm	1	把
5	螺钉旋具	十字、100mm	1	把
6	螺钉旋具	一字、150mm	1	把
7	斜口钳	150mm	1	把
8	尖嘴钳	150mm	1	把
9	剥线钳		1	把
10	内六角扳手(组套)	PM-C9	1	套
11	万用表		1	只

【任务实施】

根据制定的施工计划，按照顺序对物料传送及分拣机构实施组装，施工中应注意及时调整进度，保证定额。施工时必须严格遵守安全操作规程，加强安全保障措施，确保人身和设备安全。

1. 机械装配

（1）机械装配前的准备

按照要求清理现场、准备图样及工具，参考图 3-14 所示流程图安排装配流程。

（2）机械装配步骤

按图 3-15 组装物料传送及分拣机构。

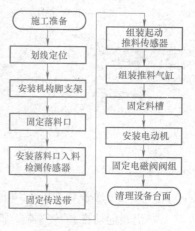

图 3-14　机械装配流程图

1）划线定位。根据物料传送及分拣机构装配示意图对机构支架、三相异步电动机和电磁换向阀的固定尺寸进行划线定位。

2）安装机构脚支架。如图 3-15 所示，固定传送带的四只脚支架。

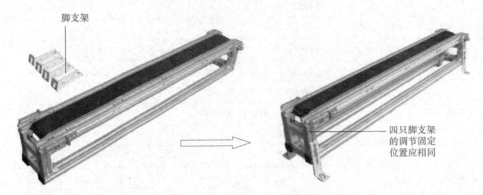

图 3-15　安装机构脚支架

3）固定落料口。如图 3-16 所示，根据装配示意图固定落料口。固定时应注意不可将传送带左右颠倒，否则将无法安装三相异步电动机。落料口的位置相对于传送带的左侧需存有一定距离，以此保证物料能平稳地落在传送带上，不致因物料与传送带接触面积过小而出现倾斜、翻滚或漏落现象。

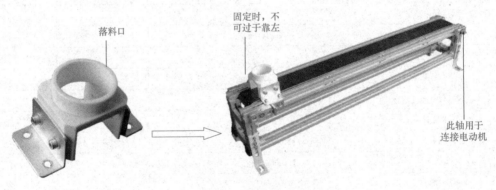

图 3-16　固定落料口

4）安装落料口入料检测传感器。如图 3-17 所示，根据装配示意图安装入料检测传感器。

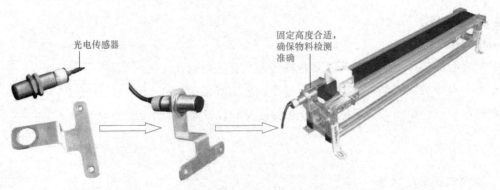

图 3-17　安装落料口入料检测传感器

5）固定传送带。如图 3-18 所示，将传送带固定在定位处。

6）组装起动推料传感器。如图 3-19 所示，将起动推料传感器在其支架上装好后，再根据装配示意图将支架固定在传送带上。

图 3-18 固定传送带

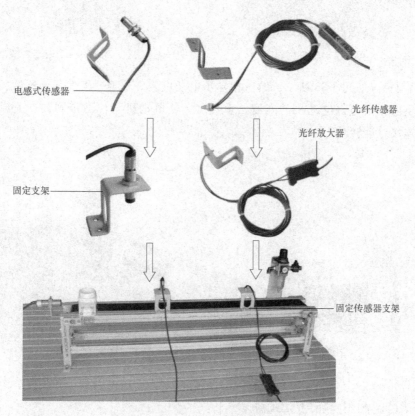

图 3-19 组装起动推料传感器

7）组装推料气缸。如图 3-20 所示，在推料气缸上固定磁性传感器，装好支架后固定在传送带上，如图 3-21 所示。

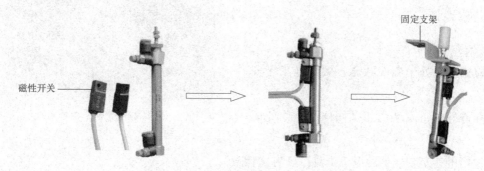

图 3-20 固定磁性传感器及气缸支架

8）固定料槽。如图 3-22 所示，根据装配示意图将料槽一和料槽二分别固定在传送带上，并调整它与其对应的推料气缸，使二者保持在同一中心线，确保推料准确。

图 3-21 固定推料气缸

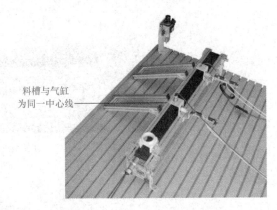

图 3-22 固定料槽

9）安装电动机。如图 3-23 所示，给三相异步电动机装好支架、柔性联轴器后，将其支架固定在定位处。固定前应调整好电动机的高度、垂直度，使电动机与传送带同轴。完成后，试转电动机，观察两者连接、运转是否正常。

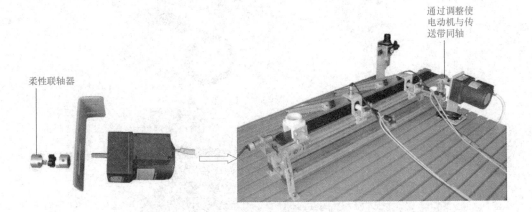

图 3-23 安装电动机

10）固定电磁阀阀组。如图 3-24 所示，将电磁阀阀组固定在定位处。

11）清理设备台面，保持台面无杂物或多余部件。

2. 电路连接

（1）电路连接前的准备

1）检查电源处于断开状态，做到施工无安全隐患。

2）准备好电路安装的相关图样，供作业时查阅。

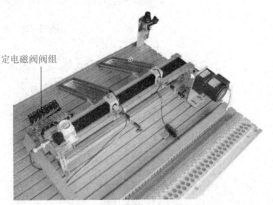

图 3-24 固定电磁阀阀组

3）选用电气安装连接的电工工具，且有序摆放。

4）剪好线号管。

5）结合物料传送及分拣机构的实际结构，依据电路图确定电气回路连接顺序，参考流程如图 3-25 所示。

（2）电路连接步骤

电路连接应符合工艺、安全规范要求，所有导线应置于线槽内。导线与端子排连接时，应套线号管并及时编号，避免错编、漏编。插入端子排的连接线必须接触良好且紧固。接线端子排的功能分配如图 1-19 所示。

1）连接传感器至端子排。根据电路图将传感器的引出线连接至端子排。物料传送及分拣机构使用了两种传感器：两线传感器与三线传感器。磁性传感器为两线传感器，入料检测传感器（光电）、起动推料一传感器（电感式）和起动推料二传感器（光纤式）都是三线传感器。与其他三线传感器一样，光纤放大器引出的黑色线接 PLC 的输入信号端子、棕色线接外部电源 24V、蓝色线接外部电源 0V，引出线不可接错，如图 3-26 所示。

2）连接输出元件至端子排。物料传送及分拣机构使用的是阀组中的单控电磁换向阀，此阀只有一只线圈。根据电路图，将两片单控电磁换向阀的线圈按端子分布图连接至端子排。

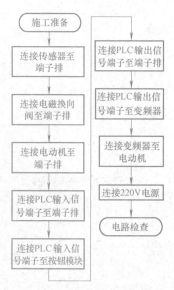

图 3-25　电路连接流程图

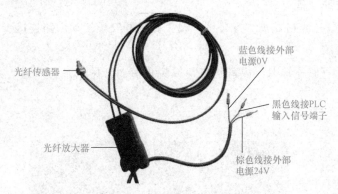

图 3-26　光纤传感器的连接

3）连接电动机至端子排。

4）连接 PLC 的输入信号端子至端子排。

5）连接 PLC 的输入信号端子至按钮模块。

6）连接 PLC 的输出信号端子至端子排。

7）连接 PLC 的输出信号端子至变频器。图 3-27 所示为变频器模块。将输出信号端子 Q2.2 与变频器的 D10（5#端子）相连，输出信号端子 Q2.4 与变频器的 D13（8#端子）相连，外部电源 24V+ 与 24V（9#端子）短接，再将 COM1（69#端子）、COM2（34#端子）和 GND（28#端子）短接。

8）连接变频器至电动机。将变频器的主电路输出端子 U、V、W、PE 与三相异步电动机相连。接线时严禁将变频器的主电路输出端子 U、V、W 与电源输入端子 L1、L2、L3 错接，否则会烧毁变频器。

9）将电源模块中的单相交流电源引至 PLC 模块。

10）将电源模块中的三相电源和接地线引至变频器的主电路输入端子 L1、L2、L3、PE。

11）电路检查。

12）清理设备台面，将工具入箱。

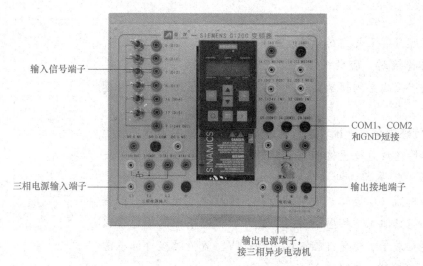

输入信号端子

COM1、COM2
和GND短接

三相电源输入端子

输出接地端子

输出电源端子，
接三相异步电动机

图 3-27 变频器模块

3. 气动回路连接

（1）气路连接前的准备

按照要求检查空气压缩机状态、准备图样及工具，并安排气动回路连接步骤。

（2）气路连接步骤

如图 3-28 所示，管路连接时，应避免直角或锐角弯曲，尽量平行布置，力求走向合理且气管最短。

1）连接气源。

封闭未用电磁
换向阀的工作口

采用单控
电磁换向阀

气管通路合理、
紧凑、美观

图 3-28 气路连接

2）连接执行元件。

3）整理、固定气管。

4）封闭阀组上未用电磁换向阀的气路通道。

5）清理台面杂物，将工具入箱。

4. 程序输入

启动西门子 PLC 编程软件，输入图 3-11 所示的梯形图。

1）启动西门子 PLC 编程软件。

2）创建新文件，选择 PLC 类型。

3）输入程序。

4）编译梯形图。

5）保存文件。

5. 变频器参数设定

物料传送及分拣机构的变频器参数设定见表3-5。

6. 设备调试

为了避免设备调试出现事故，确保调试工作的顺利进行，施工人员必须进一步确认设备机械安装、电路安装及气路安装的正确性、安全性，做好设备调试前的各项准备工作，调试流程图如图3-29所示。

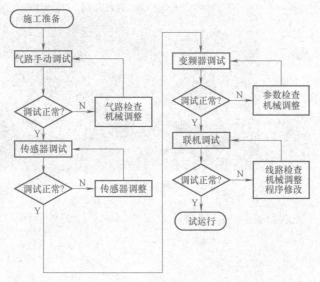

图 3-29 设备调试流程图

（1）设备调试前的准备

1）清扫设备上的杂物，保证无设备之外的金属物。

2）检查机械部分动作完全正常。

3）检查电路连接的正确性，严禁出现短路现象，加强传感器接线、变频器接线的检查，避免因接线错误而损坏器件。

4）检查气动回路连接的正确性、可靠性，绝不允许调试过程中有气管脱出现象。

5）程序下载。

① 连接计算机与PLC。

② 合上断路器，给设备供电。

③ 写入程序。

（2）气动回路手动调试

1）接通空气压缩机电源，起动空气压缩机压缩空气，等待气源充足。

2）将气源压力调整到0.4~0.5MPa后，开启气动二联件上的阀门给机构供气。为确保调试工作在无气体泄漏环境下进行，施工人员需观察气路系统有无泄漏现象，若有，应立即解决。

3）如图3-30所示，在正常工作压力下，对推料一气缸和推料二气缸气动回路进行手动调试，直至机构动作完全正常为止。

4）如图 3-31 所示，调整节流阀至合适开度，使推料气缸的运动速度趋于合理，避免动作速度过快而打飞物料、速度过慢而打偏物料。

（3）传感器调试

调整传感器的位置，观察 PLC 的输入指示灯状态。

1）使气缸动作，调整、固定各磁性传感器。

2）如图 3-32 所示，在落料口中先后放置金属物料和塑料物料，调整落料口入料检测传感器的水平位置或光线漫反射灵敏度。

图 3-30 气动回路手动调试

手动调试

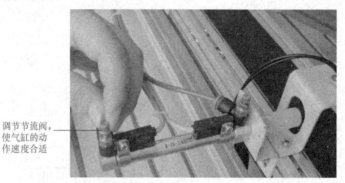

调节节流阀，使气缸的动作速度合适

图 3-31 调整气缸动作速度

3）如图 3-33 所示，在起动推料一传感器下放置金属物料，调整后固定。

调整落料口入料检测传感器的检测距离

落料口中先后放入金属物料和塑料物料

调整起动推料一传感器的检测距离

图 3-32 落料口入料检测传感器的调整固定　　　图 3-33 起动推料一传感器的调整固定

4）如图 3-34 所示，调整光纤放大器的颜色灵敏度，使光纤传感器检测到白色塑料物料。

（4）变频器调试

闭合变频器模块上的 DI0、DI3 开关，电动机运转，传送带自左向右运行。若电动机反转，须关闭电源后对调三相电源 U、V、W 中的任意两相，改变输出三相电源相序后重新调试。调试时注意观察变频器的运行频率是否与要求值相符。

（5）联机调试

气路手动调试、传感器调试和变频器调试正常后，接通 PLC 输出负载的电源回路，便可联机

图 3-34 光纤传感器的调整

调试。调试时，要求施工人员认真观察设备的运行情况，若出现问题，应立即解决或切断电源，避免扩大故障范围。调试观察的主要部位如图 3-35 所示。

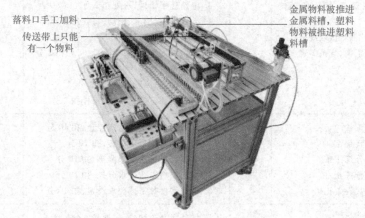

图 3-35 物料传送及分拣机构

表 3-11 为联机调试的正确结果，若调试中有与之不符的情况，施工人员首先应根据现场情况，判断是否需要切断电源，在分析、判断故障形成的原因（机械、电路、气路或程序问题）的基础上，进行检修、重新调试，直至设备完全实现功能。

表 3-11 联机调试结果一览表

步骤	操作过程	设备实现的功能	备注
1	按下起动按钮 SB5	机构起动	
2	落料口放入金属物料	传送带运转	
3	物料传送至金属传感器	传送带停转,推料一气缸伸出,物料分拣至金属料槽	
4	推料一气缸伸出到位后	推料一气缸缩回	
5	落料口放入白色塑料物料	传送带运转	
6	物料传送至光纤传感器	传送带停转,推料二气缸伸出,物料分拣至塑料料槽	
7	推料二气缸伸出到位后	推料二气缸缩回	
8	重新加料,按下停止按钮 SB6,机构完成当前工作循环后停止工作		

(6) 试运行

施工人员操作物料传送及分拣机构，运行、观察一段时间，确保设备合格、稳定、可靠。

7. 现场清理

设备调试完毕,要求施工人员清点工具、归类整理资料,清扫现场卫生,并填写设备安装登记表。

8. 设备验收

设备质量验收表见表3-12。

表 3-12　设备质量验收表

验收项目及要求		配分	配分标准	扣分	得分	备注
设备组装	1. 设备部件安装可靠,各部件位置衔接准确 2. 电路安装正确,接线规范 3. 气路连接正确,规范美观	35	1. 部件安装位置错误,每处扣2分 2. 部件衔接不到位、零件松动,每处扣2分 3. 电路连接错误,每处扣2分 4. 导线反圈、压皮、松动,每处扣2分 5. 错、漏编号,每处扣1分 6. 导线未入线槽、布线凌乱,每处扣2分 7. 气路连接错误,每处扣2分 8. 气路漏气、掉管,每处扣2分 9. 气管过长、过短、乱接,每处扣2分			
设备功能	1. 设备起停正常 2. 传送带运转正常 3. 金属物料分拣正常 4. 塑料物料分拣正常 5. 变频器参数设置正确	60	1. 设备未按要求起动或停止,扣10分 2. 传送带未按要求运转,扣10分 3. 金属物料未按要求分拣,扣10分 4. 塑料物料未按要求分拣,扣10分 5. 变频器参数未按要求设定,扣10分			
设备附件	资料齐全,归类有序	5	1. 设备组装图缺少,每处扣2分 2. 电路图、梯形图、气路图缺少,每处扣2分 3. 技术说明书、工具明细表、元件明细表缺少,每处扣2分			
安全生产	1. 自觉遵守安全文明生产规程 2. 保持现场干净整洁,工具摆放有序		1. 漏接地线,扣5分 2. 每违反一项规定,扣3分 3. 发生安全事故,按0分处理 4. 现场凌乱、乱放工具、乱丢杂物、完成任务后不清理现场,扣5分			
时间	5h		提前正确完成,每5min加5分 超过定额时间,每5min扣2分			
开始时间			结束时间		实际时间	

【设备改造】

物料传送及分拣机构的改造

物料传送及分拣机构的改造。改造要求及任务如下:

(1) 功能要求

1) 传送功能。当传送带入料口的光电传感器检测到物料时,变频器起动,驱动三相交流异步电动机以780r/min的速度正转运行,传送带开始输送物料,分拣完毕,传送带停止运转。

2）分拣功能。

① 分拣黑色塑料物料。当起动推料一传感器检测到黑色塑料物料时，三相异步电动机停止运行。推料一气缸动作，活塞杆伸出将黑色塑料物料推入料槽一内。当推料一气缸伸出限位传感器检测到活塞杆伸出到位后，活塞杆缩回；缩回限位传感器检测气缸缩回到位后完成分拣（提示：黑色物料需到达推料二位置后再返回，以此排除是金属物料的可能，确定为黑色塑料物料，返回的速度为 650r/min）。

② 分拣金属物料。当起动推料二传感器检测到金属物料时，三相交流异步电动机停止运行。推料二气缸动作，活塞杆伸出将金属物料推入料槽二内。当推料二气缸伸出限位传感器检测到活塞杆伸出到位后，活塞杆缩回；缩回限位传感器检测气缸缩回到位后，三相交流异步电动机停止运行。

3）打包功能。当料槽中已有 5 个物料时，要求物料打包取走，打包指示灯点亮，5s 后继续传送及分拣工作。

（2）技术要求

1）机构的起停控制要求：

① 按下起动按钮，机构开始工作。

② 按下停止按钮，机构完成当前工作循环后停止。

2）电源要有信号指示灯，电气线路的设计符合工艺要求、安全规范。

3）气动回路的设计符合控制要求、正确规范。

（3）工作任务

1）按机构要求画出电路图。

2）按机构要求画出气路图。

3）按机构要求编写 PLC 控制程序。

4）改装物料传送及分拣机构实现功能。

5）绘制设备装配示意图。

项目四 物料搬运、传送及分拣机构的组装与调试

【项目目标】

1. 会识读物料搬运、传送及分拣机构的设备技术文件，了解物料搬运、传送及分拣机构的控制原理。

2. 会识读物料搬运、传送及分拣机构的装配示意图，能根据装配示意图组装物料搬运、传送及分拣机构。

3. 会识读物料搬运、传送及分拣机构的电路图，能根据电路图连接物料搬运、传送及分拣机构电气回路。

4. 会识读物料搬运、传送及分拣机构的梯形图，能输入梯形图、设置变频器参数，并调试物料搬运、传送及分拣机构实现功能。

5. 会制定物料搬运、传送及分拣机构的组装与调试方案，能按照施工手册和施工流程作业。

6. 能严格遵守电气线路接线规范搭建电路，专心致志地搭建电路，力争精益求精。

7. 能自觉遵守安全生产规程，做到施工现场干净整洁，工具摆放有序，形成规范文明生产的职业意识。

8. 会查阅资料，改造物料搬运、传送及分拣机构，使其增加打包报警功能。

【施工任务】

1. 根据设备装配示意图组装物料搬运、传送及分拣机构。

2. 按照设备电路图连接物料搬运、传送及分拣机构的电气回路。

3. 按照设备气路图连接物料搬运、传送及分拣机构的气动回路。

4. 输入设备控制程序，正确设置变频器参数，调试物料搬运、传送及分拣机构实现功能。

【施工前准备】

施工人员在施工前应仔细阅读设备随机技术文件，了解物料搬运、传送及分拣机构的组成及其运行情况，看懂装配示意图、电路图、气动回路图及梯形图等图样，然后再根据施工任务制定施工计划、施工方案等。

1. 识读设备图样及技术文件

（1）装置简介

物料搬运、传送及分拣机构主要实现对加料站出料口的物料进行搬运、输送，并能根据物料性质进行分类存放的功能，其工作流程如图 4-1 所示。

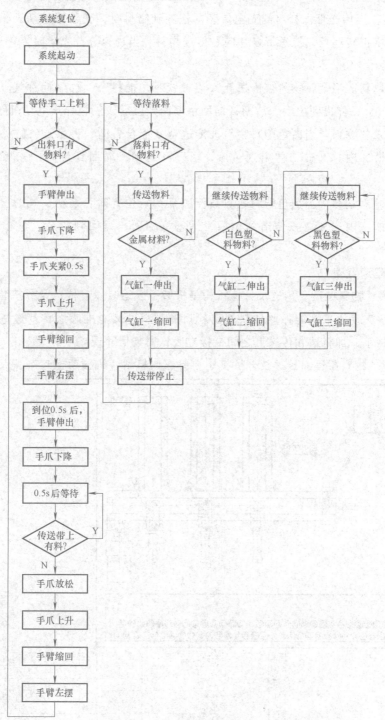

图 4-1　物料搬运、传送及分拣机构工作流程图

1）机械手复位功能。PLC 上电，机械手手爪放松、手爪上升、手臂缩回、手臂左摆至左侧限位处停止。

2）起停控制。机械手复位后，按下起动按钮，机构开始工作。按下停止按钮，机构完成当前工作循环后停止。

3）搬运功能。若加料站出料口有物料，机械手臂伸出→手爪下降→手爪夹紧物料→0.5s后手爪上升→手臂缩回→手臂右摆→0.5s后手臂伸出→手爪下降→0.5s后，若传送带上无物料，则手爪放松、释放物料→手爪上升→手臂缩回→手臂左摆至左侧限位处停止。

4）传送功能。当传送带入料口的光电传感器检测到物料时，变频器起动，驱动三相异步电动机以650r/min速度正转运行，传送带自左向右传送物料。当物料分拣完毕时，传送带停止运转。

5）分拣功能。

①分拣金属物料。当金属物料被传送至A点位置时，推料一气缸（简称气缸一）伸出，将它推入料槽一内。气缸一伸出到位后，活塞杆缩回；缩回到位后，三相异步电动机停止运行。

②分拣白色塑料物料。当白色塑料物料被传送至B点位置时，推料二气缸（简称气缸二）伸出，将它推入料槽二内。气缸二伸出到位后，活塞杆缩回；缩回到位后，三相异步电动机停止运行。

③分拣黑色塑料物料。当黑色塑料物料被传送至C点位置时，推料三气缸（简称气缸三）伸出，将它推入料槽三内。气缸三伸出到位后，活塞杆缩回；缩回到位后，三相异步电动机停止运行。

（2）识读装配示意图

如图4-2所示，物料搬运、传送及分拣机构是机械手搬运装置、传送及分拣装置的组合，其安装难点在于机械手气动手爪既能抓取加料站出料口的物料，又能准确地将其送进传送带的落料口内，这就要求机械手、加料站和传送带之间衔接准确，安装尺寸误差小。

1）结构组成。物料搬运、传送及分拣机构主要由加料站、机械手搬运装置、传送装置及分拣

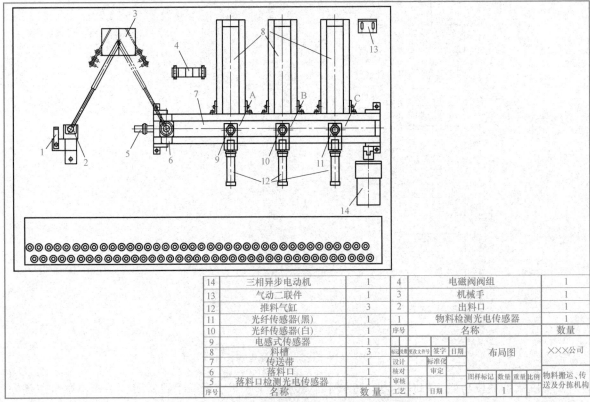

14	三相异步电动机	1	4	电磁阀阀组	1
13	气动二联件	1	3	机械手	1
12	推料气缸	3	2	出料口	1
11	光纤传感器(黑)	1	1	物料检测光电传感器	1
10	光纤传感器(白)	1	序号	名称	数量
9	电感式传感器	1			
8	料槽	3	标记 处数 更改文件号 签字 日期	布局图	×××公司
7	传送带	1	设计 标准化		
6	落料口	1	核对 审定		
5	落料口检测光电传感器	1	审核	图样标记 数量 重量 比例	物料搬运、传送及分拣机构
序号	名称	数量	工艺 日期	1	

图4-2 物料搬运、传送及分拣机构设备布局图

装置等组成。其中机械手主要由气动手爪部件、提升气缸部件、手臂伸缩气缸部件、旋转气缸部件及固定支架等组成；传送装置主要由落料口、落料检测传感器、直线带传送线（简称传送带）和三相异步电动机等组成；分拣装置由三组物料检测传感器、料槽、推料气缸及电磁阀阀组组成。三类物料传送及分拣机构的示意图如图4-3所示。

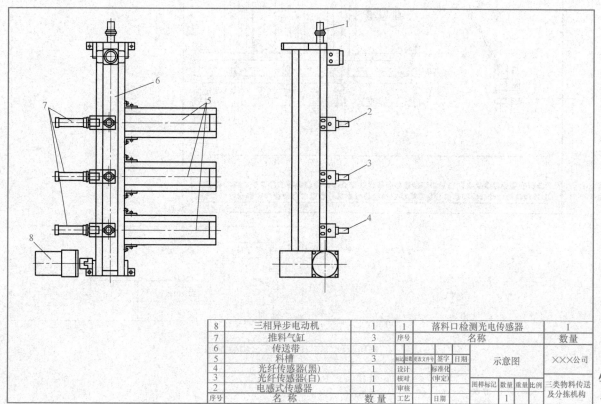

8	三相异步电动机	1	1	落料口检测光电传感器		1
7	推料气缸	3	序号	名称		数量
6	传送带	1				
5	料槽	3	标记 处数 更改文件号 签字 日期	示意图		×××公司
4	光纤传感器(黑)	1	设计	标准化		
3	光纤传感器(白)	1	核对	(审定)		
2	电感式传感器	1	审核	图样标记 数量 重量 比例		三类物料传送及分拣机构
序号	名　称	数量	工艺	日期	1	

图4-3　三类物料传送及分拣机构示意图

物料搬运、传送及分拣机构的实物如图4-4所示，各部件的功能与项目二、项目三相同。

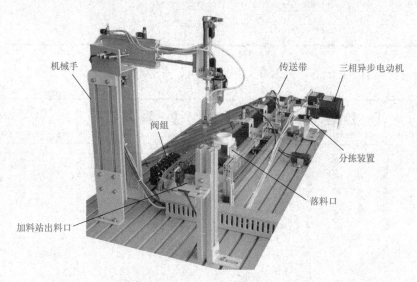

图4-4　物料搬运、传送及分拣机构实物图

2）尺寸分析。物料搬运、传送及分拣机构的各部件定位尺寸如图4-5所示。

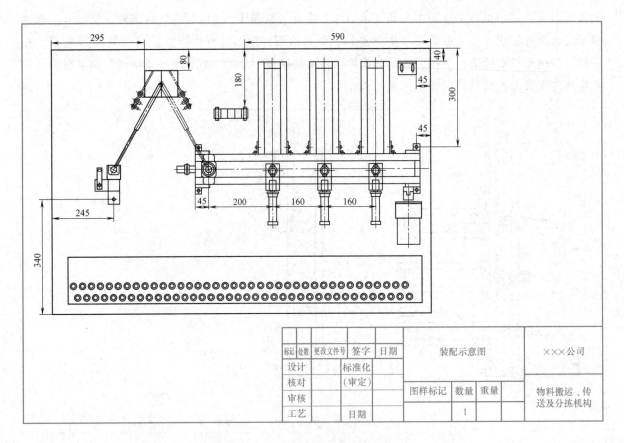

图 4-5　物料搬运、传送及分拣机构装配示意图

（3）识读电路图

图 4-6 为物料搬运、传送及分拣机构控制电路图。

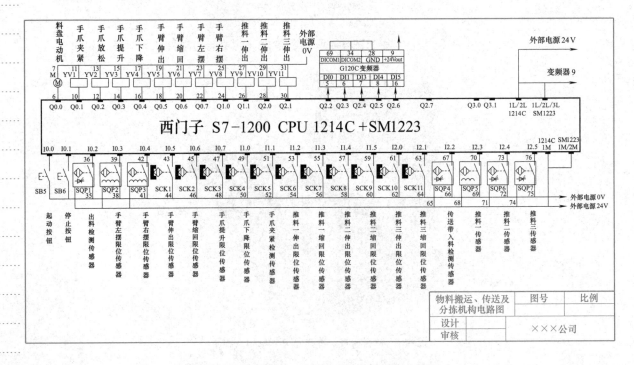

图 4-6　物料搬运、传送及分拣机构控制电路图

1）PLC 机型。机型为西门子 SIMATIC S7-1200 CPU 1214C AC/DC/Rly 和 SM1223 DC/RLY 信号模块。

2）I/O 点分配。PLC 输入/输出设备及 I/O 点分配情况见表 4-1。

表 4-1　输入/输出设备及 I/O 点分配

输入			输出		
元件代号	功能	输入点	元件代号	功能	输出点
SB5	起动按钮	I0.0	YV1	手爪夹紧	Q0.1
SB6	停止按钮	I0.1	YV2	手爪放松	Q0.2
SQP1	出料检测传感器	I0.2	YV3	手爪提升	Q0.3
SQP2	手臂左摆限位传感器	I0.3	YV4	手爪下降	Q0.4
SQP3	手臂右摆限位传感器	I0.4	YV5	手臂伸出	Q0.5
SCK1	手臂伸出限位传感器	I0.5	YV6	手臂缩回	Q0.6
SCK2	手臂缩回限位传感器	I0.6	YV7	手臂左摆	Q0.7
SCK3	手爪提升限位传感器	I0.7	YV8	手臂右摆	Q1.0
SCK4	手爪下降限位传感器	I1.0	YV9	推料一伸出	Q1.1
SCK5	手爪夹紧检测传感器	I1.1	YV10	推料二伸出	Q2.0
SCK6	推料一伸出限位传感器	I1.2	YV11	推料三伸出	Q2.1
SCK7	推料一缩回限位传感器	I1.3	DI0	变频器正转	Q2.2
SCK8	推料二伸出限位传感器	I1.4	DI1	变频器反转	Q2.3
SCK9	推料二缩回限位传感器	I1.5	DI3	变频器转速1	Q2.4
SCK10	推料三伸出限位传感器	I2.0	DI4	变频器转速2	Q2.5
SCK11	推料三缩回限位传感器	I2.1	DI5	变频器转速3	Q2.6
SQP4	传送带入料检测传感器	I2.2			
SQP5	推料一传感器	I2.3			
SQP6	推料二传感器	I2.4			
SQP7	推料三传感器	I2.5			

3）输入/输出设备连接特点。起动推料二传感器和起动推料三传感器都为光纤传感器，但通过调节传感器内光纤放大器的颜色感应灵敏度，便可分别识别白色物料和黑色物料。

（4）识读气动回路图

机构的搬运和分拣工作主要是通过电磁换向阀控制气缸的动作来实现的。

1）气路组成。如图 4-7 所示，气动回路中的控制元件分别是 4 个两位五通双控电磁换向阀、3 个两位五通单控电磁换向阀及 14 个节流阀；气动执行元件分别是气动手爪、提升气缸、伸缩气缸、旋转气缸及 3 个推料气缸。

2）工作原理。物料搬运、传送及分拣机构气动回路的控制元件、执行元件状态一览表见表 4-2。

以伸缩气缸为例，若 YV5 得电、YV6 失电，电磁换向阀 A 口出气、B 口回气，从而控制气缸伸出，机械手臂伸出；若 YV5 失电、YV6 得电，电磁换向阀 A 口回气、B 口出气，从而改变气动回路的气压方向，气缸缩回，机械手臂缩回。其他双控电磁换向阀控制的气动回路工作原理与之相同。

以推料一气缸为例，若 YV9 得电，单控电磁换向阀 A 口出气、B 口回气，推料一气缸 E 伸出，将金属物料推进料槽一内；若 YV9 失电，则单控电磁换向阀在弹簧作用下复位，A 口回气、B 口出气，从而气动回路气压方向改变，推料一气缸 E 缩回，等待下一次分拣。推料二气缸、推料三气缸的气动回路工作原理与之相同。

表 4-2　控制元件、执行元件状态一览表

电磁阀换向线圈得电情况											执行元件状态	机构任务
YV1	YV2	YV3	YV4	YV5	YV6	YV7	YV8	YV9	YV10	YV11		
+	−										气动手爪 A 夹紧	手爪夹紧
−	+										气动手爪 A 放松	手爪放松
		+	−								提升气缸 B 缩回	手爪提升
		−	+								提升气缸 B 伸出	手爪下降
				+	−						伸缩气缸 C 伸出	手臂伸出
				−	+						伸缩气缸 C 缩回	手臂缩回
						+	−				旋转气缸 D 正转	手臂右摆
						−	+				旋转气缸 D 反转	手臂左摆
								+			推料一气缸 E 伸出	分拣金属物料
								−			推料一气缸 E 缩回	等待分拣
									+		推料二气缸 F 伸出	分拣白色塑料物料
									−		推料二气缸 F 缩回	等待分拣
										+	推料三气缸 G 伸出	分拣黑色塑料物料
										−	推料三气缸 G 缩回	等待分拣

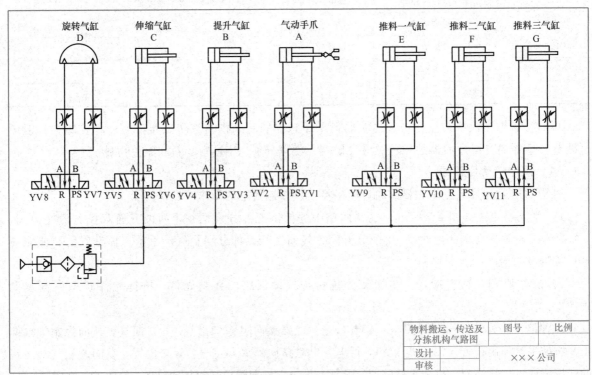

图 4-7　物料搬运、传送及分拣机构气路图

（5）识读梯形图

图 4-8 为物料搬运、传送及分拣机构梯形图。机构系统控制由"Main"程序块、"0-初始化"程序块、"2-搬运"程序块、"3-分拣"程序块四部分组成。

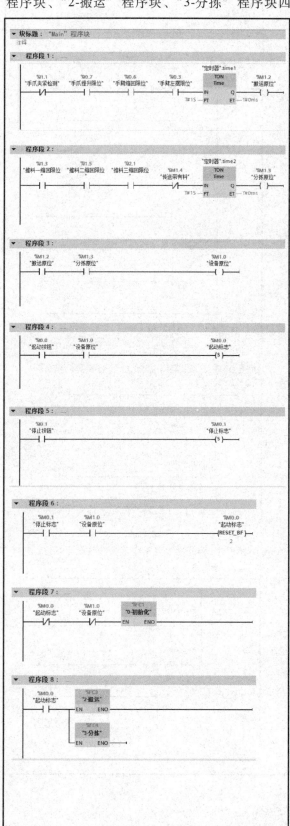
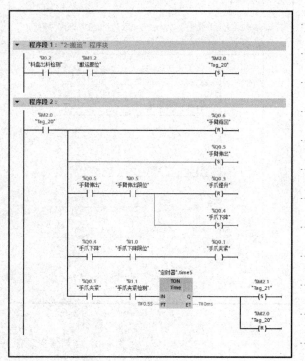

图 4-8　物料搬运、传送及分拣机构梯形图

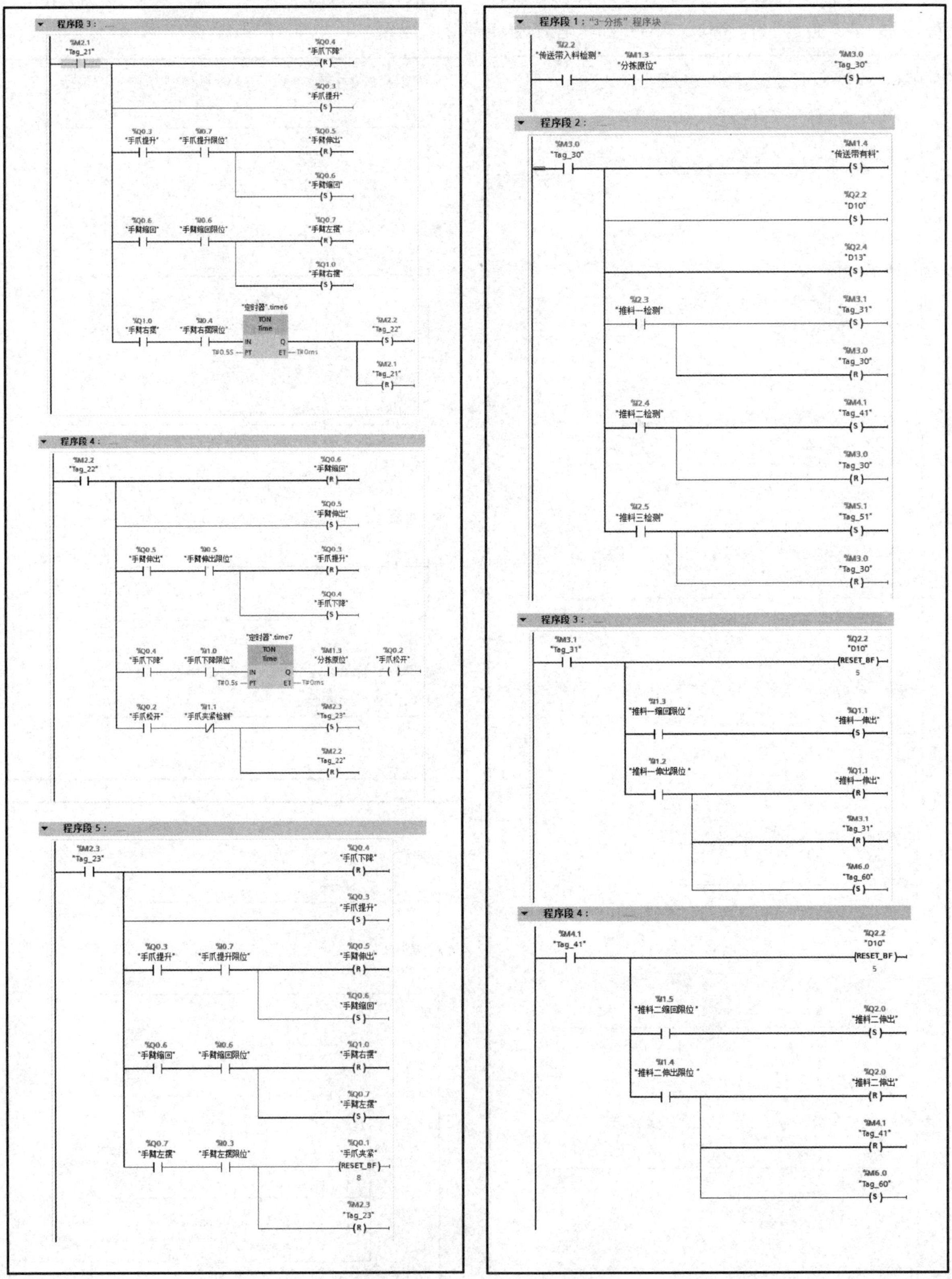

图 4-8 物料搬运、传送及分拣机构梯形图（续）

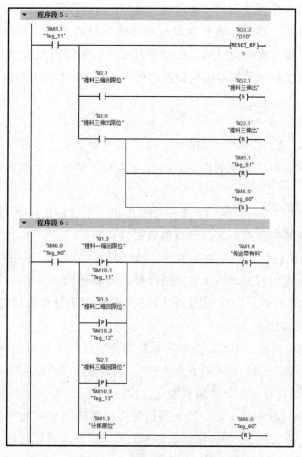

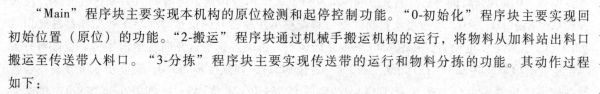

图 4-8　物料搬运、传送及分拣机构梯形图（续）

"Main"程序块主要实现本机构的原位检测和起停控制功能。"0-初始化"程序块主要实现回初始位置（原位）的功能。"2-搬运"程序块通过机械手搬运机构的运行，将物料从加料站出料口搬运至传送带入料口。"3-分拣"程序块主要实现传送带的运行和物料分拣的功能。其动作过程如下：

1）"Main"程序块。

① 原位检测。程序段 1 中通过手爪放松、手爪提升、手臂缩回、手臂左摆四个位置的检测，并通过"定时器".time1 延时 1s 判定机械手是否稳定在初始位置。若在初始位置，搬运原位标志 M1.2＝1。若不在初始位置，搬运原位标志 M1.2＝0，然后在程序段 7 中调用"0-初始化"程序块进行机械手搬运机构复位。

程序段 2 中通过推料一缩回限位检测 I1.3＝1、推料二缩回限位检测 I1.5＝1、推料三缩回限位检测 I2.1＝1 和传送带有料检测标志 M1.4＝0，然后"定时器".time2 延时 1s 判定传送及分拣机构是否稳定在初始位置。若在初始位置，分拣原位标志 M1.3＝1。

程序段 2 中通过搬运原位标志 M1.2 和分拣原位标志 M1.3 的串联，判定本机构是否处于初始位置。若本机构处于初始位置，则设备原位标志 M1.0＝1。

② 起停控制。程序段 4 中按下起动按钮 SB5，I0.0＝1，且设备原位标志 M1.0＝1，则起动标志 M0.0＝1。程序段 8 中 M0.0＝1，开始调用"2-搬运"和"3-分拣"程序块，本机构开始工作。

程序段 5 中按下停止按钮 SB6，I0.1＝1，则停止标志 M0.1＝1，本机构进入停止工作过程。程序段 6 中停止标志 M0.1＝1，且设备原位标志 M1.0＝1，复位设备起动标志 M0.0 和停止标志

M0.1。M0.0=0在程序段8中停止调用"2-搬运"和"3-分拣"程序块，本机构停止工作。

2）"0-初始化"程序块。本程序块依次对机械手搬运机构进行手爪放松；手爪放松检测到位后，进行手爪提升；手爪提升检测到位后，进行手臂缩回；手臂缩回检测到位后，进行手臂左摆；手臂左摆检测到位后，复位机械手搬运机构得电的所有线圈Q0.1～Q1.0=0，完成机械手搬运机构的初始化。

3）"2-搬运"程序块。程序段1中出料检测I0.2=1表示有物料需要搬运，且机械手初始位置标志M1.2=1，则置位M2.0，即建立步M2.0。M2.0常开触点闭合激活步M2.0，机械手开始搬运动作。机械手搬运动作采用顺序控制的形式进行程序编写，将机械手搬运动作分为四个步M2.0～M2.3。

步M2.0实现抓取物料功能。即气动机械手手臂伸出→手臂伸出检测到位后，手爪下降→手爪下降检测到位后，手爪夹紧→手爪夹紧到位后抓取物料0.5s。

步M2.1机械手回安全位置。抓取物料0.5s时间到后，手爪提升→手爪提升到位后，手臂缩回→手臂缩回到位后，手臂向右摆动→至右侧限位处，定时0.5s。

步M2.2实现放置物料功能。0.5s时间到后，手臂伸出→手臂伸出到位后，手爪下降→到位后定时0.5s，手爪放松、释放物料。

步M2.3机械手回初始位置。手爪提升→手爪提升到位后，手臂缩回→手臂缩回到位后，手臂向左摆动→至左侧限位后，机械手回到初始位置，同时复位机械手搬运机构得电的所有线圈Q0.1～Q1.0=0。再次等待物料开始新的物料搬运工作。

4）"3-分拣"程序块。程序段1中，若入料检测传感器检测到有物料落入传送带I2.2=1，且分拣原位标志M1.3=1，则置位M3.0，即建立步M3.0。M3.0常开触点闭合激活步M3.0。物料传送与分拣机构开始工作。

步M3.0实现物料的传送。首先置位M1.4=1，表示当前传送带上有物料需要进行分拣，此时分拣原位标志M1.3=0，禁止再次投料。然后置位输出变频器方向信号Q2.2=1和变频器速度信号Q2.4=1，三相异步电动机以转速650r/min正转运行，拖动传送带自左向右输送物料。若推料一传感器检测到金属物料I2.3=1，则复位M3.0，置位M3.1，即复位步M3.0，建立步3.1分支；若推料二传感器检测到白色塑料物料I2.4=1，则复位M3.0，置位M4.1，即复位步M3.0，建立步M4.1分支。若推料三传感器检测到黑色塑料物料I2.5=1，则复位M3.0，置位M5.1，即复位步M3.0，建立步M5.1分支。

步M3.1实现金属物料的分拣。M3.1常开触点闭合激活步M3.1，首先批量复位Q2.2～Q2.6=0，传送带停止运行。若推料一缩回限位I1.3=1，置位输出Q1.1=1，推料一气缸伸出，将金属物料分拣至料槽一。推料一气缸伸出到位后I1.2=1，复位输出Q1.1=0，推料一气缸缩回，完成金属物料的分拣。同时复位M3.1，置位M6.0，即复位步M3.1，建立步M6.0。

步M4.1实现白色塑料物料的分拣。M4.1常开触点闭合激活步M4.1，首先批量复位Q2.2～Q2.6=0，传送带停止运行。若推料二缩回限位I1.5=1，置位输出Q2.0=1，推料二气缸伸出，将白色塑料物料分拣至料槽二。推料二气缸伸出到位后I1.4=1，复位输出Q2.0=0，推料二气缸缩回，完成白色塑料物料的分拣。同时复位M4.1，置位M6.0，即复位步M4.1，建立步M6.0。

步M5.1实现黑色塑料物料的分拣。M5.1常开触点闭合激活步M5.1，首先批量复位Q2.2～Q2.6=0，传送带停止运行。若推料三缩回限位I2.1=1，置位输出Q2.1=1，推料三气缸伸出，将黑色塑料物料分拣至料槽三。推料三气缸伸出到位后I2.0=1，复位输出Q2.1=0，推料三气缸缩回，完成黑色塑料物料的分拣。同时复位M5.1，置位M6.0，即复位步M5.1，建立步M6.0。

步 M6.0 是步 3.1、步 4.1 和步 5.1 的汇合。推料一缩回限位 I1.3 或推料二缩回限位 I1.5 或推料三缩回限位 I2.1 的上升沿信号复位 M1.4＝0，表示当前传送带上的物料已分拣完成，"定时器" .time1 延时 1s 后分拣原位标志 M1.3＝1，复位 M6.0，即复位步 M6.0。再次等待物料开始新的物料传送及分拣工作。

（6）制定施工计划

物料搬运、传送及分拣机构的组装与调试流程如图 4-9 所示。以此为依据，施工人员填写表 4-3，合理制定施工计划，确保在定额时间内完成规定的施工任务。

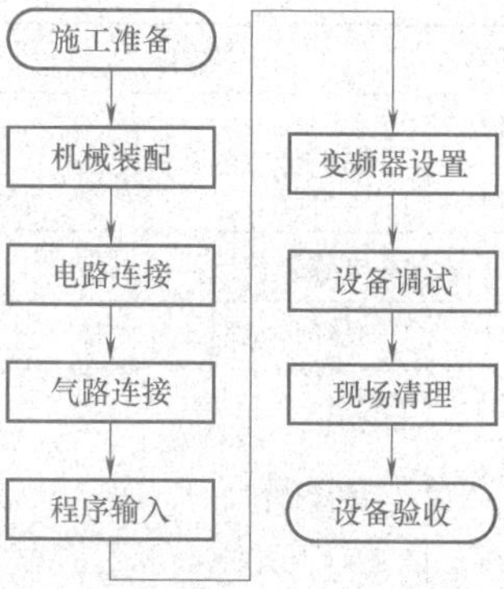

图 4-9 物料搬运、传送及分拣机构的组装与调试流程图

2. 施工准备

（1）设备清点

检查物料搬运、传送及分拣机构的部件是否齐全，并归类放置。机构的部件清单见表 4-4。

表 4-3 施工计划表

设备名称	施工日期	总工时/h	施工人数/人	施工负责人
物料传送及分拣机构				

序号	施工任务	施工人员	工序定额	备注
1	阅读设备技术文件			
2	机械装配、调整			
3	电路连接、检查			
4	气路连接、检查			
5	程序输入			
6	设置变频器参数			
7	设备调试			
8	现场清理,技术文件整理			
9	设备验收			

表 4-4 设备清单

序号	名称	型号规格	数量	单位	备注
1	伸缩气缸套件	CXSM15-100	1	套	
2	提升气缸套件	CDJ2KB16-75-B	1	套	
3	手爪套件	MHZ2-10D1E	1	套	
4	旋转气缸套件	CDRB2BW20-180S	1	套	
5	机械手固定支架		1	套	
6	加料站套件		1	套	
7	缓冲器		2	只	
8	传送带套件	50cm×700cm	1	套	
9	推料气缸套件	CDJ2KB10-60-B	3	套	
10	料槽套件		3	套	
11	电动机及安装套件	380V、25W	1	套	
12	落料口		1	个	

（续）

序号	名称	型号规格	数量	单位	备注
13	光电传感器及其支架	E3Z-LS61	1	套	出料口
14		GO12-MDNA-A	1	套	入料口
15	电感式传感器	NSN4-2M60-E0-AM	3	套	
16	光纤传感器及其支架	E3X-NA11	2	套	
17	磁性传感器	D-59B	1	套	手爪紧松
18		SIWKOD-Z73	2	套	手臂伸缩
19		D-C73	8	套	手爪升降、推料限位
20	PLC 模块	YL087、SIMATIC S7-1200 CPU 1214C+SM1223	1	块	
21	变频器模块	G120C	1	块	
22	按钮模块	YL157	1	块	
23	电源模块	YL046	1	块	
24	螺钉	不锈钢内六角螺钉 M6×12	若干	只	
25		不锈钢内六角螺钉 M4×12	若干	只	
26		不锈钢内六角螺钉 M3×10	若干	只	
27	螺母	椭圆形螺母 M6	若干	只	
28		M4	若干	只	
29		M3	若干	只	
30	垫圈	ϕ4	若干	只	

（2）工具清点

设备组装工具清单见表4-5，施工人员应清点工具的数量，并认真检查其性能是否完好。

表4-5　工具清单

序号	名称	规格、型号	数量	单位
1	工具箱		1	只
2	螺钉旋具	一字、100mm	1	把
3	钟表螺钉旋具		1	套
4	螺钉旋具	十字、150mm	1	把
5	螺钉旋具	十字、100mm	1	把
6	螺钉旋具	一字、150mm	1	把
7	斜口钳	150mm	1	把
8	尖嘴钳	150mm	1	把
9	剥线钳		1	把
10	内六角扳手（组套）	PM-C9	1	套
11	万用表		1	只

【任务实施】

根据制定的施工计划，按顺序对物料搬运、传送及分拣机构实施组装，施工中应注意及时调整进度，保证定额。施工时必须严格遵守安全操作规程，加强安全保障措施，确保人身和设备安全。

1．机械装配

（1）机械装配前的准备

按照要求清理现场、准备图样及工具，并参考图 4-10 所示流程安排装配流程。

（2）机械装配步骤

结合项目二、项目三的装配方法，按确定的设备组装顺序组装物料搬运、传送及分拣机构。

1）划线定位。

2）组装传送装置。参考图 4-11 组装传送装置。

① 安装传送带脚支架。

② 固定落料口。

③ 安装落料口光电传感器。

④ 固定传送带。

3）组装分拣装置。参考图 4-12 组装分拣装置。

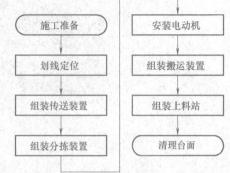

图 4-10　机械装配流程图

图 4-11　组装传送装置

图 4-12　组装分拣装置

① 固定三个起动推料传感器。

② 固定三个推料气缸。

③ 固定、调整三个料槽与其对应的推料气缸，使其处于同一中心线。

4）安装电动机。调整电动机的高度、垂直度，直至电动机与传送带同轴，如图 4-13 所示。

5）固定电磁阀阀组。如图 4-14 所示，将电磁阀阀组固定在定位处。

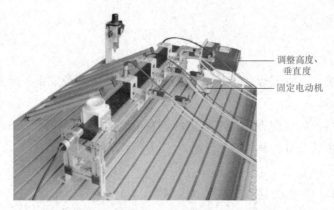

图 4-13　安装电动机

图 4-14　固定电磁阀阀组

6）组装搬运装置。参考图 4-15 组装搬运装置。

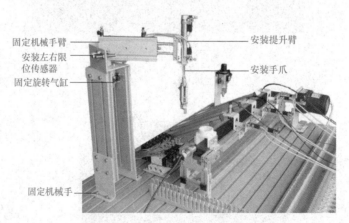

图 4-15　组装搬运装置

① 安装旋转气缸。

② 组装机械手支架。

③ 组装机械手手臂。

④ 组装提升臂。

⑤ 安装手爪。

⑥ 固定磁性传感器。

⑦ 固定左右限位装置。

⑧ 固定机械手。调整机械手摆幅、高度等尺寸，使机械手能准确地将物料放入传送带落料口内，如图 4-16 所示。

7）固定加料站。如图 4-17 所示，将加料站固定在定位处，调整出料口的高度等尺寸，同时配合调整机械手的部分尺寸，保证机械手气动手爪能准确无误地从出料口抓取物料，同时又能准确无误地释放物料至传送带的落料口内，如图 4-18 所示。

图 4-16　落料准确

图 4-17　固定加料站

8）清理台面，保持台面无杂物或多余部件。

2. 电路连接

（1）电路连接前的准备

按照要求检查电源状态、准备图样、工具及线号管，并安排电路连接流程。参考流程如图 4-19 所示。

图 4-18　出料口调整

图 4-19　电路连接流程图

（2）电路连接步骤

接线端子排的功能分配如图 1-19 所示。

1）连接传感器至端子排。

2）连接输出元件至端子排。

3）连接电动机至端子排。

4）连接 PLC 的输入信号端子至端子排。

5）连接 PLC 的输入信号端子至按钮模块。

6）连接 PLC 的输出信号端子至端子排。

7）连接 PLC 的输出信号端子至变频器。

8）连接变频器至电动机。

9）将电源模块中的单相交流电源引至 PLC 模块。

10）将电源模块中的三相电源和接地线引至变频器的主电路输入端子 L1、L2、L3、PE。

11）电路检查。

12）清理台面，将工具入箱。

3. 气动回路连接

（1）气路连接前的准备

按照要求检查空气压缩机状态、准备图样及工具，并安排气动回路连接步骤。

（2）气路连接步骤

根据气路图连接气路。连接时，应避免直角或锐角弯曲，尽量平行布置，力求走向合理且气管最短，如图 4-20 所示。

气管必须保证机械手伸缩、升降及旋转所需的长度

气管通路合理、紧凑、美观

图 4-20　气路连接

1）连接气源。

2）连接执行元件。

3）整理、固定气管。

4）清理台面杂物，将工具入箱。

4. 程序输入

启动西门子 PLC 编程软件，输入梯形图，如图 4-8 所示。

1）启动西门子 PLC 编程软件。

2）创建新文件，选择 PLC 类型。

3）输入程序。

4）编译梯形图。

5）保存文件。

5. 变频器参数设置

在变频器的面板上，应用项目三的方法同样设定其运行转速为 650r/min。

6. 设备调试

为了避免设备调试出现事故，确保调试工作的顺利进行，施工人员必须进一步确认设备机械安装、电路安装及气路安装的正确性、安全性，做好设备调试前的各项准备工作，调试流程图如图 4-21 所示。

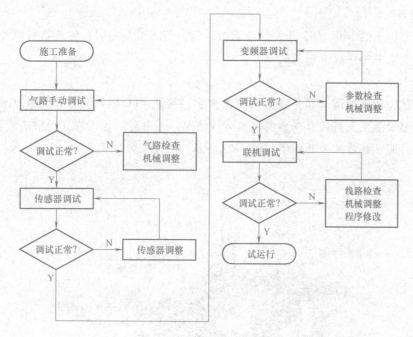

图 4-21　设备调试流程图

（1）设备调试前的准备

1）清扫设备上的杂物，保证无设备之外的金属物。

2）检查机械部分动作完全正常。

3）检查电路连接的正确性，严禁出现短路现象，加强传感器接线、变频器接线的检查，避免因接线错误而损坏器件。

4）检查气动回路连接的正确性、可靠性，绝不允许调试过程中有气管脱出现象。

5）程序下载。

① 连接计算机与 PLC。

② 合上断路器，给设备供电。

③ 写入程序。

（2）气动回路手动调试

1）接通空气压缩机电源，起动空气压缩机压缩空气，等待气源充足。

2）将气源压力调整到 0.4～0.5MPa 后，开启气动二联件上的阀门给机构供气。为确保调试安全，施工人员需观察气路系统有无泄漏现象，若有，应立即解决。

3）在正常工作压力下，对气动回路进行手动调试，直至机构动作完全正常为止。

4）调整节流阀至合适开度，使各气缸的运动速度趋于合理。

（3）传感器调试

调整传感器的位置，观察 PLC 的输入指示灯状态。

1）出料口放置物料，调整、固定物料检测传感器。

2）手动控制机械手，调整、固定各限位传感器。

3）在落料口中先后放置三类物料，调整、固定落料口物料检测传感器。

4）在 A 点位置放置金属物料，调整、固定金属传感器。

5）分别在 B 点和 C 点位置放置白色塑料物料、黑色塑料物料，调整固定光纤传感器。

6）手动控制推料气缸，调整、固定磁性传感器。

（4）变频器调试

闭合变频器模块上的 DI0、DI3 开关，电动机运转，传送带自左向右传送物料。若电动机反转，须关闭电源，改变电源相序后重新调试。

（5）联机调试

气路手动调试、传感器调试和变频器调试正常后，接通 PLC 输出负载的电源回路，便可联机调试。调试时，要求施工人员认真观察机构的运行情况，若出现问题，应立即解决或切断电源，避免扩大故障范围。调试观察的主要部位如图 4-22 所示。

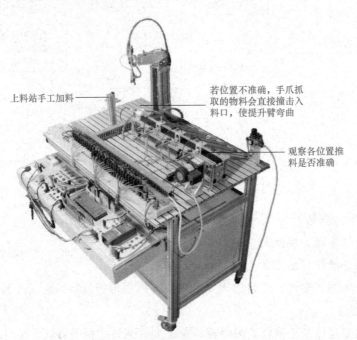

上料站手工加料

若位置不准确，手爪抓取的物料会直接撞击入料口，使提升臂弯曲

观察各位置推料是否准确

图 4-22　物料搬运、传送及分拣机构调试观察的主要部位

表 4-6 为联机调试的正确结果，若调试中有与之不符的情况，施工人员首先应根据现场情况，判断是否需要切断电源，在分析、判断故障形成的原因（机械、电路、气路或程序问题）的基础上，进行调整、检修、解决，然后重新调试，直至机构完全实现功能。

（6）试运行

施工人员操作物料搬运、传送及分拣机构，运行、观察一段时间，确保设备合格、稳定、可靠。

表 4-6 联机调试结果一览表

步骤	操作过程	设备实现的功能	备注
1	PLC 上电	机械手复位	
2	上料站放入金属物料	机械手搬运物料	搬运、传送、分拣金属物料
3	机械手释放物料	机械手复位,传送带运转	
4	物料传送至 A 点位置	气缸一伸出,物料被分拣至料槽一内	
5	气缸一伸出到位后	气缸一缩回,传送带停转	
6	上料站放入白色塑料物料	机械手搬运物料	搬运、传送、分拣白色塑料物料
7	机械手释放物料	机械手复位,传送带运转	
8	物料传送至 B 点位置	气缸二伸出,物料被分拣至料槽二内	
9	气缸二伸出到位后	气缸二缩回,传送带停转	
10	上料站放入黑色塑料物料	机械手搬运物料	搬运、传送、分拣黑色塑料物料
11	机械手释放物料	机械手复位,传送带运转	
12	物料传送至 C 点位置	气缸三伸出,物料被分拣至料槽三内	
13	气缸三伸出到位后	气缸三缩回,传送带停转	
14	重新加料,按下停止按钮 SB6,机构完成当前工作循环后停止工作		

7. 现场清理

设备调试完毕,要求施工人员清点工具、归类整理资料,清扫现场卫生,并填写设备安装登记表。

8. 设备验收

设备质量验收表见表 4-7。

表 4-7 设备质量验收表

验收项目及要求		配分	配分标准	扣分	得分	备注
设备组装	1. 设备部件安装可靠,各部件位置衔接准确 2. 电路安装正确,接线规范 3. 气路连接正确,规范美观	35	1. 部件安装位置错误,每处扣 2 分 2. 部件衔接不到位、零件松动,每处扣 2 分 3. 电路连接错误,每处扣 2 分 4. 导线反圈、压皮、松动,每处扣 2 分 5. 错、漏编号,每处扣 1 分 6. 导线未入线槽、布线凌乱,每处扣 2 分 7. 气路连接错误,每处扣 2 分 8. 气路漏气、掉管,每处扣 2 分 9. 气管过长、过短、乱接,每处扣 2 分			
设备功能	1. 设备起停正常 2. 机械手复位正常 3. 机械手搬运物料正常 4. 传送带运转正常 5. 金属物料分拣正常 6. 白色塑料物料分拣正常 7. 黑色塑料物料分拣正常 8. 变频器参数设置正确	60	1. 设备未按要求起动或停止,每处扣 5 分 2. 机械手未按要求复位,扣 5 分 3. 机械手未按要求搬运物料,每处扣 5 分 4. 传送带未按要求运转,扣 10 分 5. 金属物料未按要求分拣,扣 5 分 6. 白色塑料物料未按要求分拣,扣 5 分 7. 黑色塑料物料未按要求分拣,扣 5 分 8. 变频器参数未按要求设置,扣 5 分			

(续)

验收项目及要求		配分	配分标准	扣分	得分	备注
设备附件	资料齐全,归类有序	5	1. 设备组装图缺少,每处扣2分 2. 电路图、气路图、梯形图缺少,每处扣2分 3. 技术说明书、工具明细表、元件明细表缺少,每处扣2分			
安全生产	1. 自觉遵守安全文明生产规程 2. 保持现场干净整洁,工具摆放有序		1. 漏接接地线,每处扣5分 2. 每违反一项规定,扣3分 3. 发生安全事故,按0分处理 4. 现场凌乱、乱放工具、乱丢杂物、完成任务后不清理现场,扣5分			
时间	8h		提前正确完成,每5min加5分 超过定额时间,每5min扣2分			
开始时间		结束时间		实际时间		

【设备改造】

物料搬运、传送及分拣机构的改造

改造要求及任务如下:

(1) 功能要求

1) 机械手复位功能。PLC上电,机械手手爪放松、手爪上升、手臂缩回、手臂左摆至左侧限位处停止。

2) 搬运功能。若加料站出料口有物料,机械手臂伸出→手爪下降→手爪夹紧抓物→0.5s后手爪上升→手臂缩回→手臂右摆→0.5s后手臂伸出→手爪下降→0.5s后,若传送带上无物料,则手爪放松、释放物料→手爪上升→手臂缩回→左摆至左侧限位处停止。

3) 传送功能。当传送带入料口的光电传感器检测到物料时,变频器起动,驱动三相异步电动机以转速650r/min正转运行,传送带传送物料。当物料分拣完毕时,传送带停止运转。

4) 分拣功能。

① 分拣金属物料。当起动推料一传感器检测到金属物料时,气缸一动作,活塞杆伸出将它推入料槽一内。当伸出限位传感器检测到气缸伸出到位后,活塞杆缩回;缩回限位传感器检测气缸缩回到位后,三相异步电动机停止运行。

② 分拣黑色塑料物料。当起动推料二传感器检测到黑色塑料物料时,气缸二动作,活塞杆伸出将它推入料槽二内。当伸出限位传感器检测到气缸伸出到位后,活塞杆缩回;缩回限位传感器检测气缸缩回到位后,三相异步电动机停止运行。

③ 分拣白色塑料物料。当起动推料三传感器检测到白色塑料物料时,气缸三动作,活塞杆伸出将它推入料槽三内。当伸出限位传感器检测到气缸伸出到位后,活塞杆缩回;缩回限位传感器检测气缸缩回到位后,三相异步电动机停止运行。

5) 打包报警功能。当料槽中存放有5个物料时,要求物料打包取走,打包指示灯按0.5s周期闪烁,并发出报警声,5s后继续搬运、传送及分拣工作。

(2) 技术要求

1) 工作方式要求。机构有两种工作方式:单步运行和自动运行。

2）机构的起停控制要求：

① 按下起动按钮，机构开始工作。

② 按下停止按钮，机构完成当前工作循环后停止。

③ 按下急停按钮，机构立即停止工作。

3）电气线路的设计符合工艺要求、安全规范。

4）气动回路的设计符合控制要求、正确规范。

（3）工作任务

1）按机构要求画出电路图。

2）按机构要求画出气路图。

3）按机构要求编写 PLC 控制程序（梯形图）。

4）改装物料搬运、传送及分拣机构实现功能。

5）绘制机构装配示意图。

项目五　YL-235A型光机电设备的组装与调试

【项目目标】

1. 会识读 YL-235A 型光机电设备技术文件，了解 YL-235A 型光机电设备的控制原理。

2. 会识读 YL-235A 型光机电设备的装配示意图，能根据装配示意图组装 YL-235A 型光机电设备。

3. 会识读 YL-235A 型光机电设备的电路图，能根据电路图连接 YL-235A 型光机电设备电气回路。

4. 会识读 TPC7062Ti 型触摸屏技术资料，知道 TPC7062Ti 型触摸屏人机界面工程的创建方法。

5. 会识读 YL-235A 型光机电设备的梯形图，能输入梯形图、设置变频器参数、创建触摸屏工程，并调试 YL-235A 型光机电设备实现功能。

6. 会制定 YL-235A 型光机电设备的组装与调试方案，能按照施工手册和施工流程作业。

7. 能严格遵守电气线路接线规范，熟练搭建电路，养成追求卓越、精益求精的作业习惯。

8. 能自觉遵守安全生产规程，做到施工现场干净整洁，工具摆放有序，养成企业工匠品质。

9. 会查阅资料，改造 YL-235A 型光机电设备，使其具有两种工作控制方式。

【施工任务】

1. 根据设备装配示意图组装 YL-235A 型光机电设备。
2. 按照设备电路图连接 YL-235A 型光机电设备的电气回路。
3. 按照设备气路图连接 YL-235A 型光机电设备的气动回路。
4. 根据要求创建触摸屏人机界面。
5. 输入设备控制程序，正确设置变频器参数，调试 YL-235A 型光机电设备实现功能。

【施工前准备】

施工人员在施工前应仔细阅读 YL-235A 型光机电设备随机技术文件，了解设备的组成及其动作情况，看懂装配示意图、电路图、气动回路图及梯形图等图样，然后再根据施工任务制定施工计划、施工方案等。

1. 识读设备图样及技术文件

（1）装置简介

YL-235A 型光机电设备主要实现自动送料、搬运及输送，并能根据物料的不同进行分类存放的功能。

1）起停控制。如图 5-1 所示，触摸人机界面上的起动按钮，设备开始工作，机械手复位：手爪放松、手爪上升、手臂缩回、手臂左旋至左侧限位处停止。触摸停止按钮，系统完成当前工作循环后停止。设备工作流程如图 5-2 所示。

2）送料功能。设备起动后，送料机构开始检测物料支架上的物料，警示灯绿灯闪烁。若无物料，PLC 便起动送料电动机工作，驱动页扇旋转。物料在页扇推挤下，从物料料盘，又称（放料转盘）中移至出料口。当物料检测传感器检测到物料时，电动机停止旋转。若送料电动机运行 10s 后，物料检测传感器仍未检测到物料，则说明料盘内已无物料，此时机构停止工作并报警，警示灯红灯闪烁。

图 5-1　人机界面

3）搬运功能。送料机构出料口有物料 0.5s 后，机械手臂伸出→手爪下降→手爪夹紧物料→0.5s 后手爪上升→手臂缩回→手臂右旋→0.5s 后手臂伸出→手爪下降→0.5s 后，若传送带上无物料，则手爪放松、释放物料→手爪上升→手臂缩回→左旋至左侧限位处停止。

4）传送功能。当传送带落料口的光电传感器检测到物料时，变频器起动，驱动三相异步电动机以转速 650r/min 运行，传送带开始传送物料。当物料分拣完毕时，传送带停止运转。

5）分拣功能。

① 分拣金属物料。当金属物料被传送至 A 点位置时，推料一气缸（简称气缸一）伸出，将它推入料槽一内。气缸一缩回到位后，传送带停止运行。

② 分拣白色塑料物料。当白色塑料物料被传送至 B 点位置时，推料二气缸（简称气缸二）伸出，将它推入料槽二内。气缸二缩回到位后，传送带停止运行。

③ 分拣黑色塑料物料。当黑色塑料物料被传送至 C 点位置时，推料三气缸（简称气缸三）伸出，将它推入料槽三内。气缸三缩回到位后，传送带停止运行。

（2）识读装配示意图

如图 5-3 所示，YL-235A 型光机电设备是送料机构、机械手搬运机构、物料传送及分拣机构的组合，这就要求物料料盘、出料口、机械手及传送带落料口之间衔接准确，安装尺寸误差要小，以保证送料机构平稳送料、机械手准确抓料和放料。

1）结构组成。YL-235A 型光机电设备主要由触摸屏、物料料盘、出料口、机械手、传送带及分拣装置等组成。各部分的功能见项目一、项目二和项目三。设备实物如图 5-4 所示。

2）尺寸分析。YL-235A 型光机电设备装配示意图如图 5-5 所示。

（3）识读触摸屏相关技术文件

触摸屏简称 HMI，主要用作人机交流、控制。本设备使用昆仑通态 TPC7062Ti 型触摸屏，如图 5-6 所示，对外提供 5 个通信端口，其中电源接口输入电源电压为直流 24（1±20%）V；串行接口 COM 用于连接触摸屏和具有 RS232/RS485 通信端口的控制器；USB1 是 USB 主设备，与 USB1.1 兼容使用；USB2 是 USB 从设备，用于与 PC 的连接，进行组态的下载和 HMI 的设置；LAN 为以太网端口。

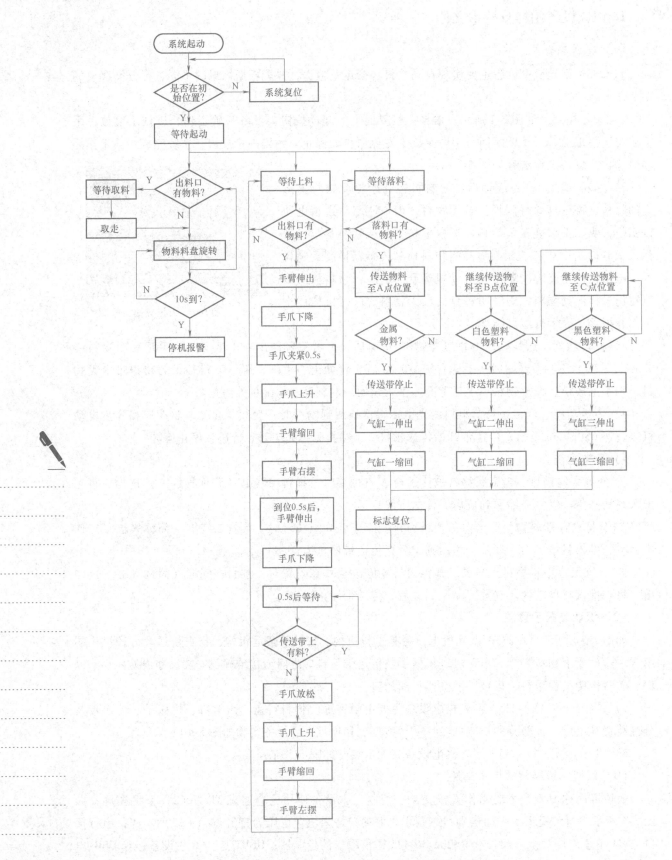

图 5-2 YL-235A 型光机电设备工作流程图

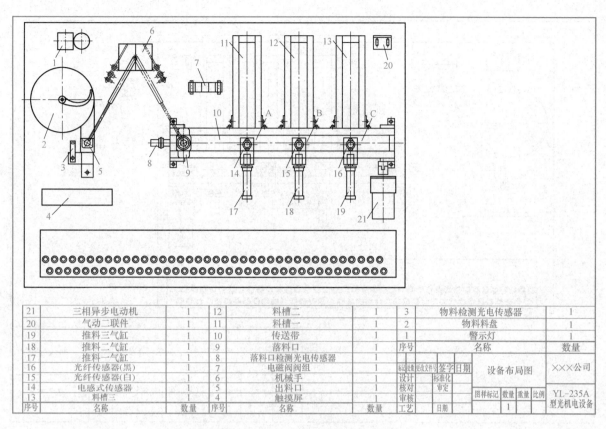

21	三相异步电动机	1	12	料槽二	1	3	物料检测光电传感器	1
20	气动二联件	1	11	料槽一	1	2	物料料盘	1
19	推料三气缸	1	10	传送带	1	1	警示灯	1
18	推料二气缸	1	9	落料口	1	序号	名称	数量
17	推料一气缸	1	8	落料口检测光电传感器	1			
16	光纤传感器(黑)	1	7	电磁阀阀组	1	标记 处数 更改文件号 签字 日期	设备布局图	×××公司
15	光纤传感器(白)	1	6	机械手	1	设计　标准化		
14	电感式传感器	1	5	出料口	1	核对　审定		
13	料槽三	1	4	触摸屏	1	审核	图样标记 数量 重量 比例	YL-235A
序号	名称	数量	序号	名称	数量	工艺　日期	1	型光机电设备

图 5-3　YL-235A 型光机电设备布局图

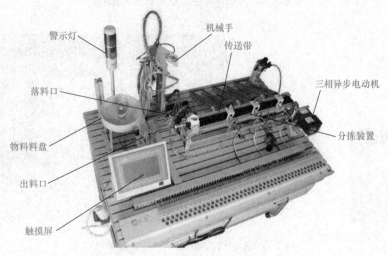

图 5-4　YL-235A 型光机电设备

应用 MCGS 组态软件可对 TPC7062Ti 型触摸屏创建人机界面工程，它的优点是简单、灵活、可视化。下面使用组态软件 MCGS 嵌入版 7.7，组态仅含一个开关元件的 MCGS 工程，其步骤如下：

1）建立工程。

① 启动 MCGS 组态软件。如图 5-7 所示，单击桌面"程序"→"MCGS 组态软件"→"嵌入版"→"MCGSE 组态环境"，弹出图 5-8 所示的嵌入版组态软件编程窗口。

② 建立新工程。如图 5-9 所示，执行"文件"→"新建工程"命令，弹出图 5-10 所示的"新建工程设置"对话框，选择 TPC 的类型为"TPC7062Ti"，单击"确定"按钮后，弹出图 5-11 所示的工作台窗口。

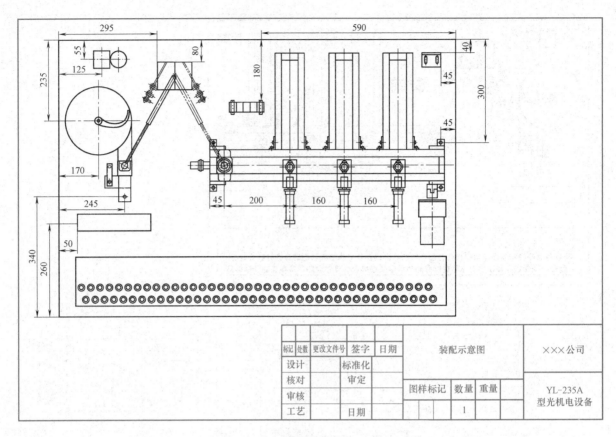

标记	处数	更改文件号	签字	日期	装配示意图		×××公司
设计		标准化					
核对		审定			图样标记	数量	重量	YL-235A
审核								型光机电设备
工艺		日期					1	

图 5-5　YL-235A 型光机电设备装配示意图

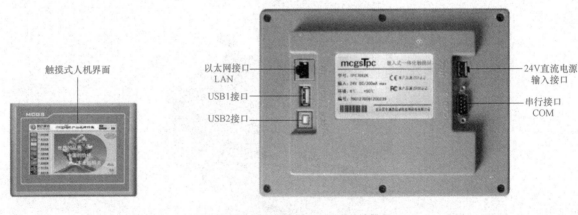

图 5-6　昆仑通态 TPC7062Ti 型触摸屏

图 5-7　启动 MCGS 组态软件

图 5-8　MCGS 嵌入版组态软件编程窗口

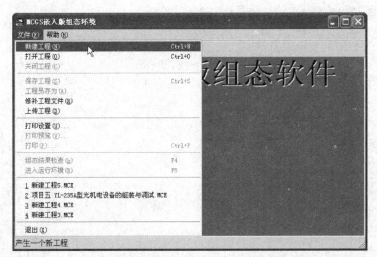

图 5-9　"新建工程"命令　　　　　　　　　　图 5-10　"新建工程设置"对话框

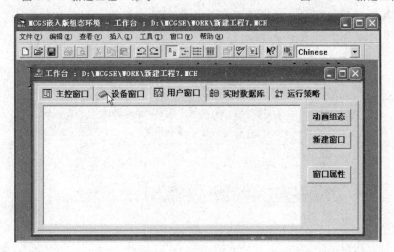

图 5-11　工作台窗口

2）组态设备窗口。

① 进入设备窗口。如图 5-11 所示，单击工作台上的"设备窗口"选项卡，进入图 5-12 所示的设备窗口页，便可看到窗口内的"设备窗口"图标。

② 进入"设备组态：设备窗口"。如图 5-12 所示，双击"设备窗口"图标，便进入了图 5-13 所示的"设备组态：设备窗口"页。

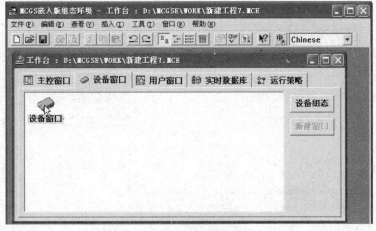

图 5-12　设备窗口

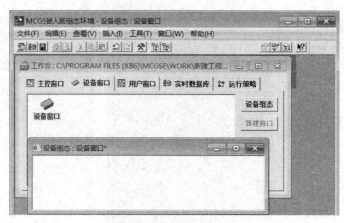

图 5-13　设备组态：设备窗口

③ 打开设备构件"设备工具箱"。如图 5-13 所示，单击组态软件工具条中的  命令，弹出图 5-14 所示的"设备工具箱"窗口，设备工具箱中提供多种类型的"设备构件"，这些构件是系统与外部设备进行联系的媒介。

图 5-14　设备工具箱

④选择设备构件。如图 5-14 所示，双击"设备工具箱"中的"Siemens_1200"，将"设备 0--〔Siemens_1200〕"添加到设备窗口中，如图 5-15 所示。

图 5-15　添加完成后的设备组态：设备窗口

　　若在"设备工具箱"中没有"Siemens_1200"选项，便在"设备工具箱"中单击"设备管理"，弹出如图 5-16 所示的对话框。在"PLC"中选择"西门子"，并单击"+"号，展开选项如图 5-17 所示。在"Siemens_1200 以太网"中选择"Siemens_1200"。单击"确认"按钮后"Siemens_1200"便添加至"设备工具箱"。

图 5-16　"设备管理"对话框

图 5-17　在设备工具箱中添加"Siemens_1200"

3）通信设置。

① 为保证昆仑通态 TPC7062Ti 触摸屏与西门子 S7-1200 PLC 的正常通信，需要在 MCGS 软件中对人机界面进行以下设置。在图 5-15 所示界面中双击"设备 0--[Siemens_1200]"，弹出如图 5-18 所示的对话框。需要对其中的"机架号""槽号""本地 IP 地址"和"远端 IP 地址"进行设置。

设备属性名	设备属性值
设备注释	Siemens_1200
初始工作状态	1 – 起动
最小采集周期(ms)	100
TCP/IP通讯延时	200
重建TCP/IP连接等待时间[s]	10
机架号[Rack]	0
槽号[Slot]	1
快速采集次数	0
本地IP地址	192.168.0.30
本地端口号	3000
远端IP地址	192.168.0.1
远端端口号	102

图 5-18　人机界面通信设置

注：按照 GB/T 14733.1—1993 的要求，这里的"通讯"应改为"通信"。为方便读者对照，本书软件截图中保留原来形式，只在文中出现相关术语时修改。

　　首先需要对"机架号"和"槽号"进行设置,如图 5-19 所示,对应属性可在博途软件中"设备组态"→"项目信息"→"插槽"和"机架"中查得。

图 5-19　查询 PLC 的插槽号和机架号

　　其次需要对"本地 IP 地址"进行设置,本地 IP 地址为 192.168.0.30,如项目一中图 1-35 所示。
　　最后需要对"远端 IP 地址"进行设置,"远端"具体是指西门子 S7-1200 PLC。如图 5-20 所示,对应属性可在博途软件中"设备组态"→"以太网地址"→"在项目中设置 IP 地址"→"IP 地址"中查得。

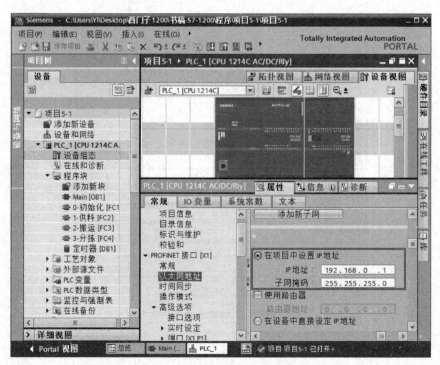

图 5-20　查询 PLC 的 IP 地址

② 为保证昆仑通态 TPC7062Ti 触摸屏与西门子 S7-1200 PLC 的正常通信，还需要在博途软件中对 PLC 进行以下设置，如图 5-21 所示，在"设备组态"→"连接机制"中将"允许来自远程对象的 PUT/GET 通信访问"选项打钩。

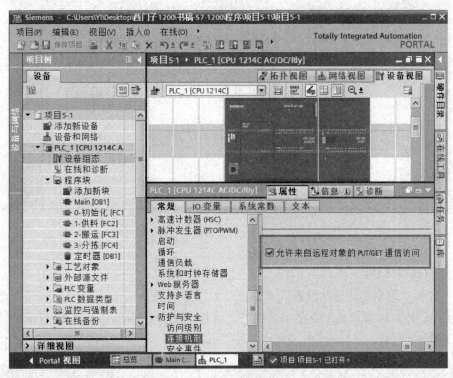

图 5-21　PLC 通信设置

4）组态用户窗口

① 进入用户窗口。单击工作台上的"用户窗口"选项卡，便进入图 5-22 所示的用户窗口。

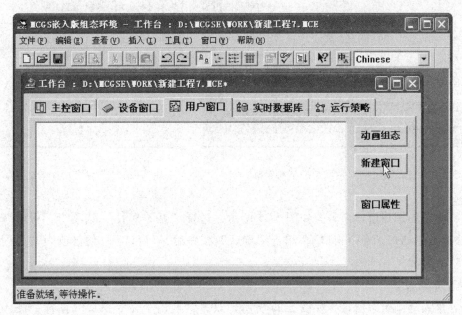

图 5-22　用户窗口

② 创建新的用户窗口。单击图 5-22 所示的"新建窗口"按钮，便可创建出一个如图 5-23 所示的新用户窗口"窗口 0"。

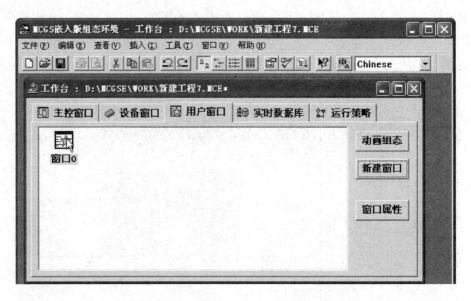

图 5-23 新建的用户窗口"窗口 0"

③ 设置用户窗口属性。

第 1 步：进入"用户窗口属性设置"对话框。如图 5-23 所示，右击待定义的用户窗口"窗口 0"图标，弹出如图 5-24 所示的下拉菜单，执行"属性"命令，弹出如图 5-25 所示的"用户窗口属性设置"对话框。

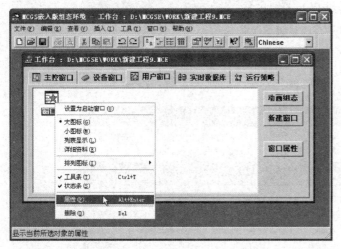

图 5-24 右击"窗口 0"图标后的下拉菜单

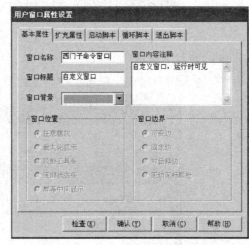

图 5-25 "用户窗口属性设置"对话框

第 2 步：为新的用户窗口命名。如图 5-25 所示，选择"基本属性"选项卡，将窗口名称中的"窗口 0"修改为"西门子命令窗口"，单击"确认"按钮后，"窗口 0"便修改为"西门子命令窗口"，如图 5-26 所示。

④ 创建图形对象。

第 1 步：进入动画组态窗口。如图 5-26 所示，双击"西门子命令窗口"图标，进入如图 5-27 所示的"动画组态西门子命令窗口"。

第 2 步：创建按钮图形。如图 5-27 所示，单击组态软件工具条中的 图标，弹出如图 5-28 所示的动画组态"工具箱"。

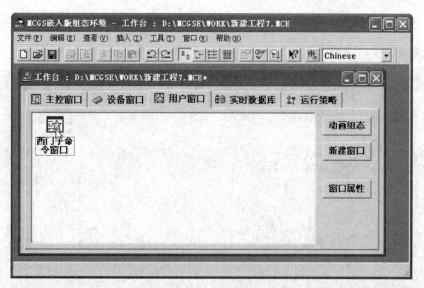

图 5-26　用户窗口"西门子命令窗口"

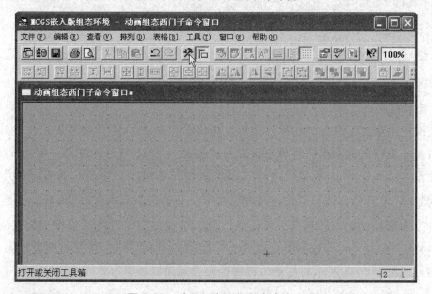

图 5-27　动画组态西门子命令窗口

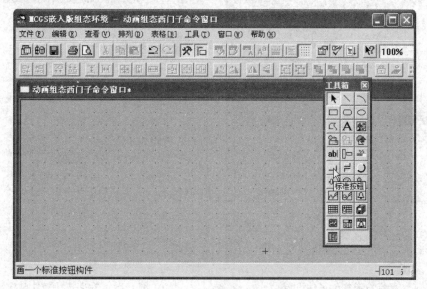

图 5-28　动画组态"工具箱"

如图 5-28 所示，选择工具箱中的"标准按钮" ▭，在窗口编辑区按住鼠标左键并拖放出一定大小后，松开鼠标左键，便创建出一个如图 5-29 所示的按钮图形。

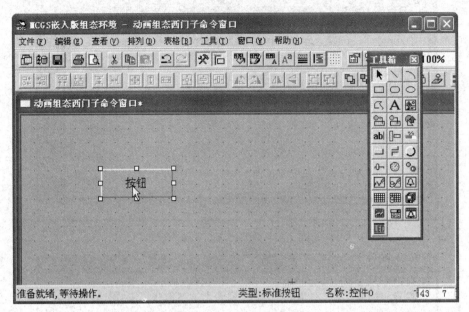

图 5-29 创建的按钮图形

第 3 步：定义按钮图形属性。

基本属性设置：双击新建的"按钮"图形，弹出图 5-30 所示的"标准按钮构件属性设置"对话框，选择"基本属性"选项卡，将状态设置为"抬起"，文本内容修改为"起动按钮"。

操作属性设置：如图 5-31 所示，选择"操作属性"选项卡，单击"抬起功能"按钮，勾选"数据对象值操作"复选框，选择"按 1 松 0"操作，并单击其后面的 ? 图标，弹出图 5-32 所示的"变量选择"对话框，选中"根据采集信息生成"单选按钮，并将通道类型设置为"M 内部继电器"，通道地址设置为"0"，数据类型设置为"通道的第 02 位"，读写类型设置为"读写"。单击"确认"按钮，如图 5-33 所示的起动按钮属性便设置完成。

图 5-30 标准按钮构件属性设置

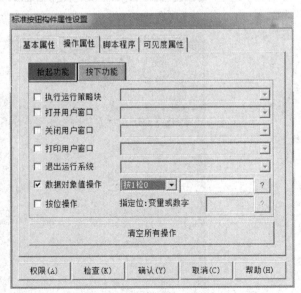

图 5-31 标准按钮构件属性设置

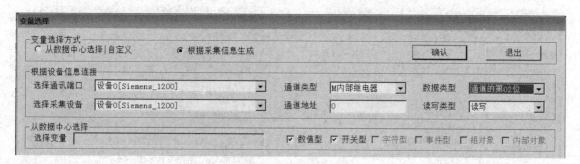

图 5-32　"变量选择"对话框

5）工程下载。如图 5-34 所示，执行"工具"→"下载配置"命令，弹出如图 5-35 所示的工程保存对话框，单击"是"按钮后，弹出如图 5-36 所示的"下载配置"对话框，单击"工程下载"按钮后开始下载工程，同时窗口中显示下载的信息。如图 5-37 所示，信息显示的"工程下载成功！0 个错误，0 个警告，0 个提示！"，说明此工程已创建完成。

图 5-33　设置完成的按钮

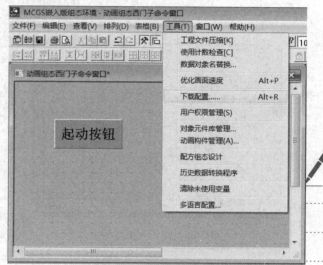

图 5-34　工程下载命令

图 5-35　工程保存对话框

6）离线模拟。下载完成后，系统会自动弹出图 5-38 所示的 MCGS 模拟界面。单击"▶"按钮进入如图 5-39 所示的离线仿真人机界面。

（4）识读电路图

图 5-40 所示为 YL-235A 型光机电设备控制电路图。

1）PLC 机型。机型为西门子 SIMATIC S7-1200 CPU 1214C AC/DC/Rly 和 SM1223 DC/RLY 信号模块。

2）I/O 点分配。PLC 输入/输出设备及 I/O 点分配情况见表 5-1。

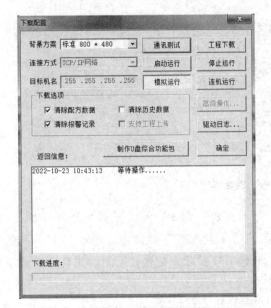

图 5-36 "下载配置"对话框

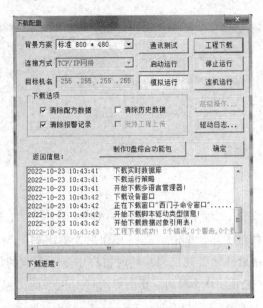

图 5-37 下载完成信息显示

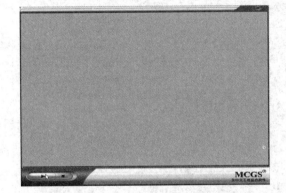

图 5-38 MCGS 模拟界面

图 5-39 离线仿真的人机界面

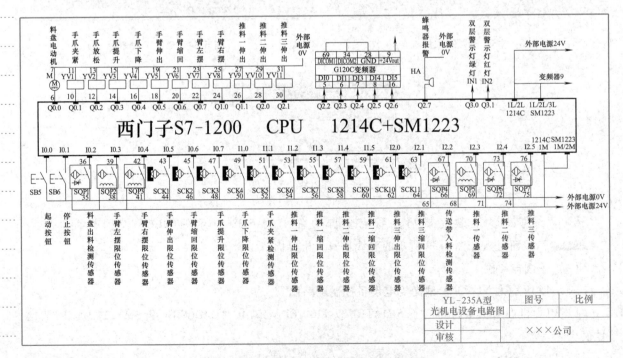

图 5-40 YL-235A 型光机电设备控制电路图

表 5-1　输入/输出设备及 I/O 点分配

输入			输出		
元件代号	功能	输入点	元件代号	功能	输出点
SB5	起动按钮	I0.0	M	料盘电动机	Q0.0
SB6	停止按钮	I0.1	YV1	手爪夹紧	Q0.1
SQP1	料盘出料检测传感器	I0.2	YV2	手爪放松	Q0.2
SQP2	手臂左摆限位传感器	I0.3	YV3	手爪提升	Q0.3
SQP3	手臂右摆限位传感器	I0.4	YV4	手爪下降	Q0.4
SCK1	手臂伸出限位传感器	I0.5	YV5	手臂伸出	Q0.5
SCK2	手臂缩回限位传感器	I0.6	YV6	手臂缩回	Q0.6
SCK3	手爪提升限位传感器	I0.7	YV7	手臂左摆	Q0.7
SCK4	手爪下降限位传感器	I1.0	YV8	手臂右摆	Q1.0
SCK5	手爪夹紧检测传感器	I1.1	YV9	推料一伸出	Q1.1
SCK6	推料一伸出限位传感器	I1.2	YV10	推料二伸出	Q2.0
SCK7	推料一缩回限位传感器	I1.3	YV11	推料三伸出	Q2.1
SCK8	推料二伸出限位传感器	I1.4	DI0	变频器正转	Q2.2
SCK9	推料二缩回限位传感器	I1.5	DI1	变频器反转	Q2.3
SCK10	推料三伸出限位传感器	I2.0	DI3	变频器转速1	Q2.4
SCK11	推料三缩回限位传感器	I2.1	DI4	变频器转速2	Q2.5
SQP4	传送带入料检测传感器	I2.2	DI5	变频器转速3	Q2.6
SQP5	推料一传感器	I2.3	HA	蜂鸣器报警	Q2.7
SQP6	推料二传感器	I2.4	IN1	双层警示灯绿灯	Q3.0
SQP7	推料三传感器	I2.5	IN2	双层警示灯红灯	Q3.1

　　3）输入/输出设备连接特点。触摸屏为 YL-235A 型光机电设备的输入设备，供给 PLC 起动及停止信号。特别说明，触摸屏一般不能直接改写 PLC 输入点的状态，通常的做法是改变 PLC 内部辅助继电器的状态，再用辅助继电器的触点进行程序控制。

　　起动推料二传感器和起动推料三传感器均为光纤传感器，分别识别白色物料和黑色物料。

　　（5）识读气动回路图

　　图 5-41 所示为 YL-235A 型光机电设备气动回路图，其气路组成及工作原理与项目四相同，各控制元件、执行元件的工作状态见表 5-2。

表 5-2　控制元件、执行元件状态一览表

电磁阀换向线圈得电情况											执行元件状态	机构任务
YV1	YV2	YV3	YV4	YV5	YV6	YV7	YV8	YV9	YV10	YV11		
+	-										气动手爪 A 夹紧	手爪夹紧
-	+										气动手爪 A 放松	手爪放松

(续)

电磁阀换向线圈得电情况											执行元件状态	机构任务
YV1	YV2	YV3	YV4	YV5	YV6	YV7	YV8	YV9	YV10	YV11		
		+	-								提升气缸 B 缩回	手爪提升
		-	+								提升气缸 B 伸出	手爪下降
				+	-						伸缩气缸 C 伸出	手臂伸出
				-	+						伸缩气缸 C 缩回	手臂缩回
						+	-				旋转气缸 D 正转	手臂右摆
						-	+				旋转气缸 D 反转	手臂左摆
								+			推料一气缸 E 伸出	分拣金属物料
								-			推料一气缸 E 缩回	等待分拣
									+		推料二气缸 F 伸出	分拣白色塑料物料
									-		推料二气缸 F 缩回	等待分拣
										+	推料三气缸 G 伸出	分拣黑色塑料物料
										-	推料三气缸 G 缩回	等待分拣

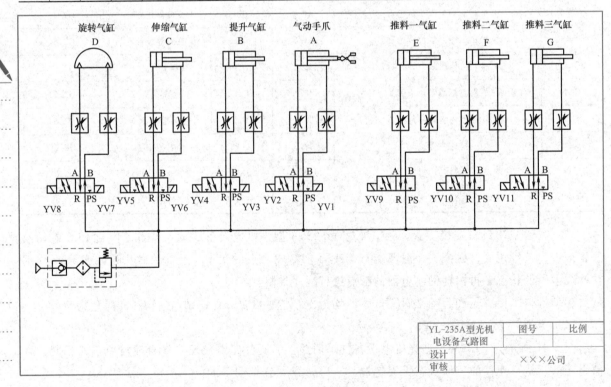

图 5-41 YL-235A 型光机电设备气动回路图

（6）识读梯形图

图 5-42 所示为 YL-235A 型光机电设备的梯形图，设备系统控制由 "Main" 程序块、"0-初始化" 程序块、"1-供料" 程序块、"2-搬运" 程序块、"3-分拣" 程序块五部分组成。

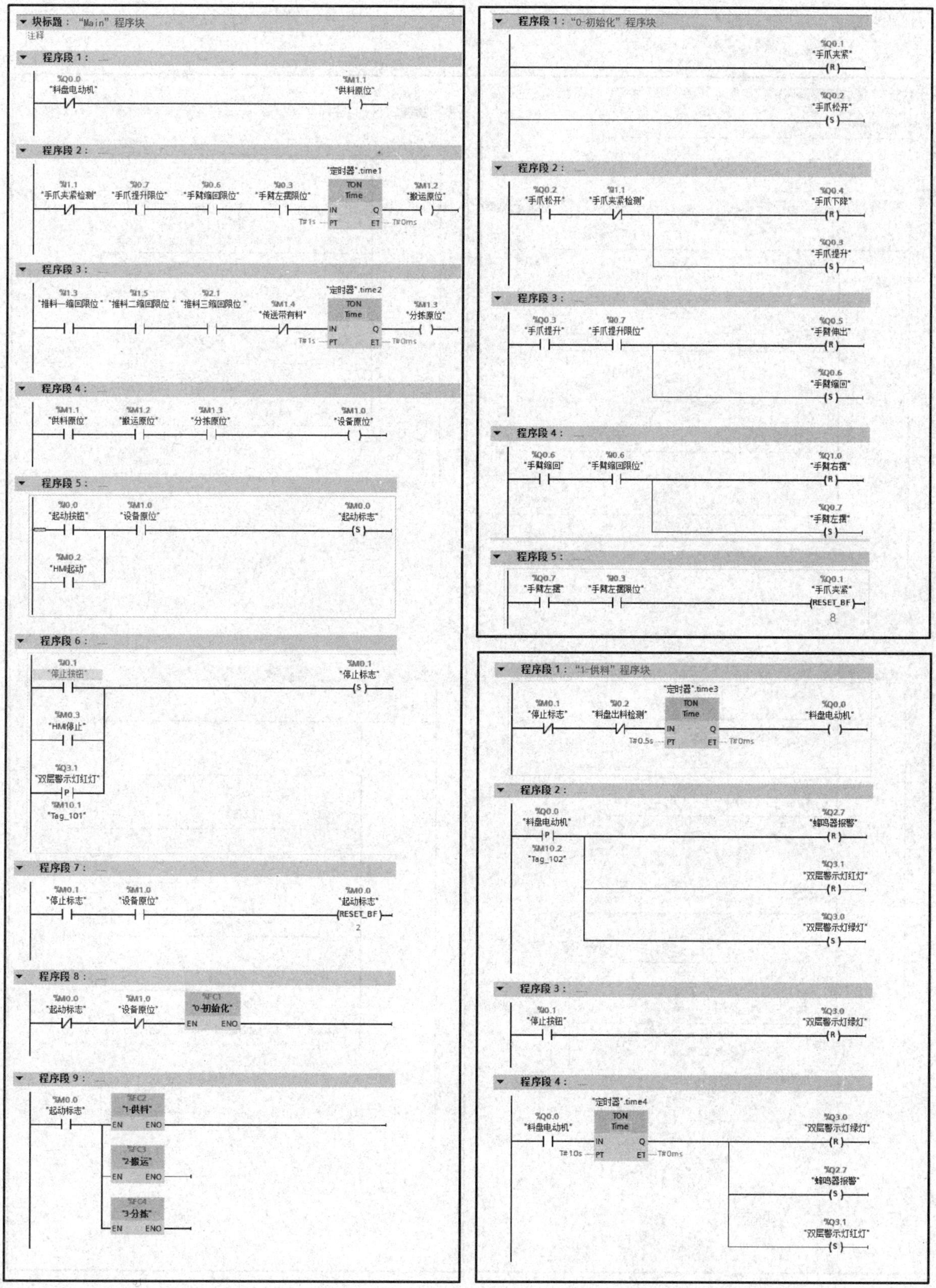

图 5-42　YL-235A 型光机电设备梯形图

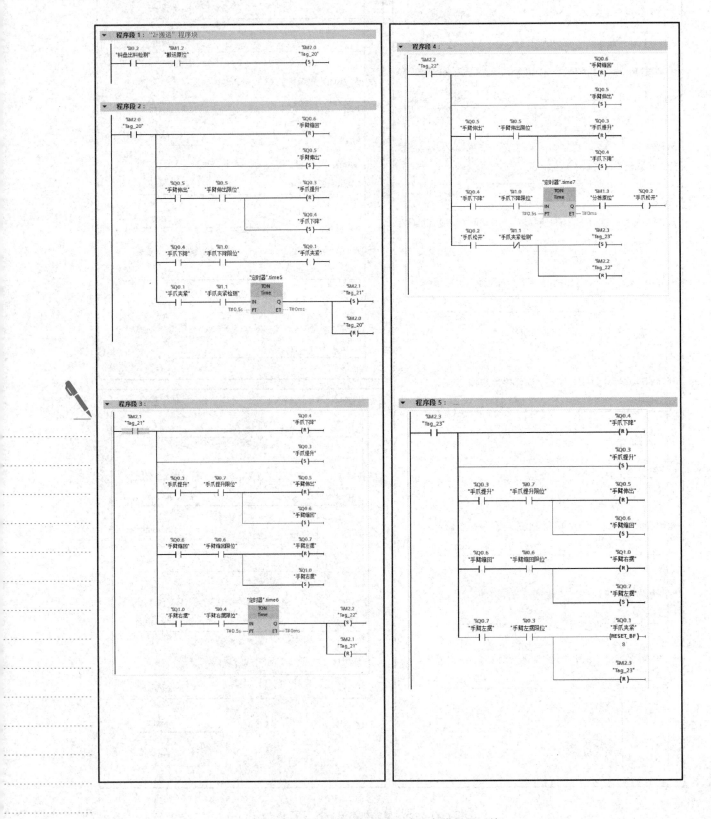

图 5-42 YL-235A 型光机电设备梯形图（续）

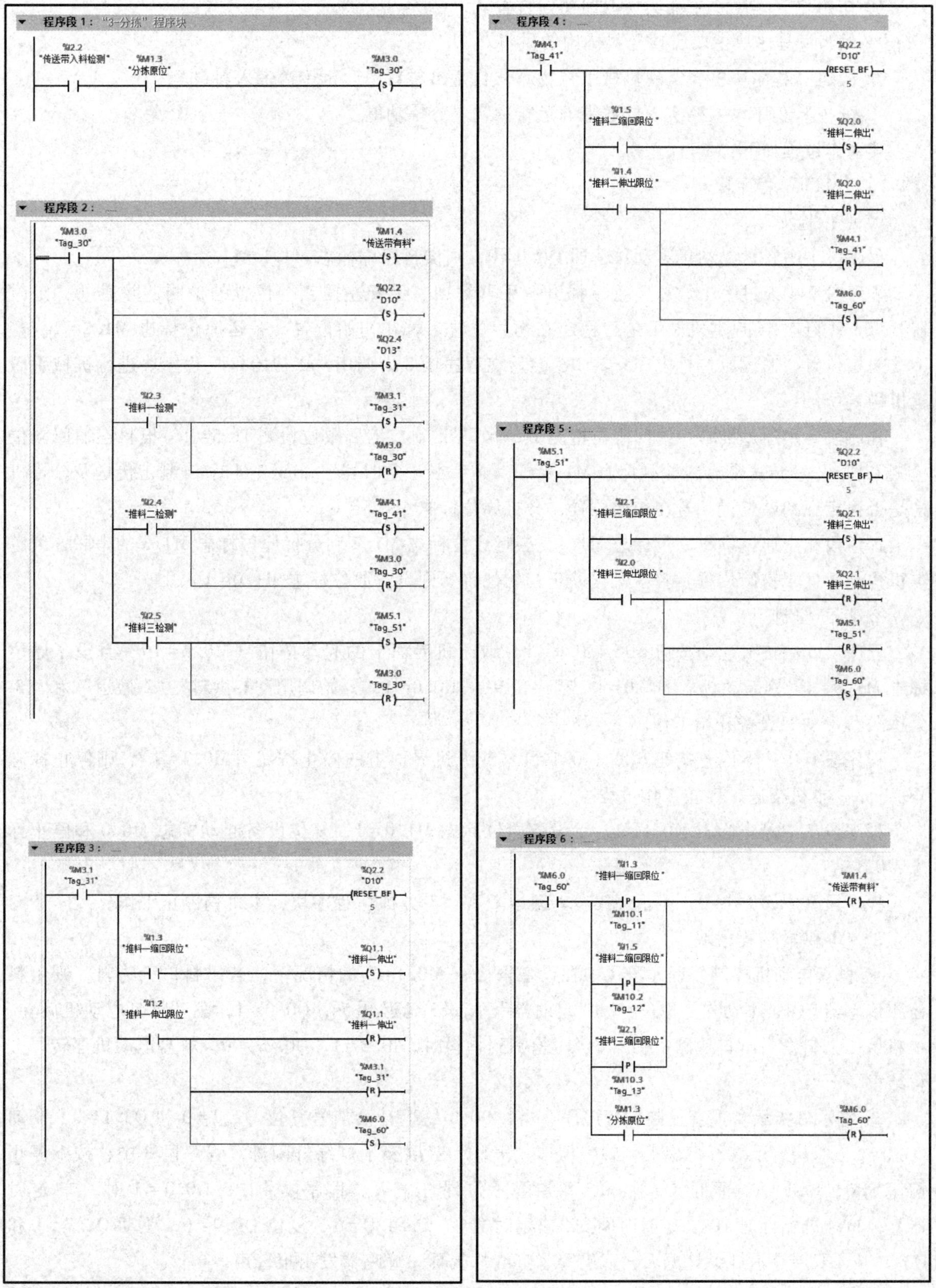

图 5-42 YL-235A 型光机电设备梯形图（续）

"Main"程序块主要实现设备的原位检测和起停控制功能。

"0-初始化"程序块主要实现返回初始位置。

"1-供料"程序块主要实现送料机构的供料。

"2-搬运"程序块主要实现机械手将物料从料盘出料口搬运至传送带入料口。

"3-分拣"程序块主要实现传送带的运行和物料分拣功能。

其动作过程如下：

1）"Main"程序块。

① 原位检测。

程序段1中料盘电动机不动作，即Q0.0=0，则供料原位标志M1.1=1。

程序段2中通过手爪放松、手爪提升、手臂缩回、手臂左摆四个位置的检测，并通过"定时器".time1延时1s判定机械手是否稳定在初始位置。若在初始位置，搬运原位标志M1.2=1。若不在初始位置，搬运原位标志M1.2=0，然后在程序段8中调用"0-初始化"程序块进行机械手搬运机构复位。

程序段3中通过推料一缩回限位检测I1.3=1、推料二缩回限位检测I1.5=1、推料三缩回限位检测I2.1=1和传送带有料检测标志M1.4=0，然后在"定时器".time2延时1s判定传送及分拣机构是否稳定在初始位置。若在初始位置，分拣原位标志M1.3=1。

程序段4中通过供料原位标志M1.1、搬运原位标志M1.2和分拣原位标志M1.3的串联，判定本机构是否处于初始位置。若本机构处于初始位置，则设备原位标志M1.0=1。

② 起停控制。

程序段5中按下起动按钮SB5（I0.0=1）或人机界面上的起动按钮（M0.2=1），且设备原位标志M1.0=1，则起动标志M0.0=1。程序段9中M0.0=1，开始调用"1-供料""2-搬运"和"3-分拣"程序块，设备开始工作。

程序段6中按下停止按钮SB6（I0.1=1）或人机界面上的停止按钮（M0.3=1），则停止标志M0.1=1，本机构进入停止工作过程。

程序段7中停止标志M0.1=1，且设备原位标志M1.0=1，复位设备起动标志M0.0和停止标志M0.1。

程序段9中M0.0=0，停止调用"2-搬运"和"3-分拣"程序块，本机构停止工作。

2）"1-供料"程序块。

① 料盘电动机控制。程序段1中在设备未停止M0.1=0的情况下，若出料口无物料，则出料检测传感器SQP1不动作，I0.2=0，"定时器".time3延迟0.5s，Q0.0=1，驱动料盘电动机旋转，物料挤压上料。当出料检测传感器SQP1检测到物料时，I0.2=1，Q0.0为0，料盘电动机停转，上料结束。

② 警示灯指示及报警控制。程序段2中，Q0.0的上升沿信号复位Q2.7=0和Q3.1=0，驱动Q3.0=1，双层警示灯红灯熄灭，蜂鸣器停止报警，双层警示灯绿灯闪烁。程序段3中，按下停止按钮SB6，I0.1=1，复位Q3.0=0，双层警示灯绿灯熄灭。程序段4中，Q0.0=1时，"定时器".time4开始计时10s。定时时间到，"定时器".time4.Q=1，复位Q3.0=0，驱动Q2.7=1和Q3.1=1，双层警示灯绿灯熄灭，双层警示灯红灯闪烁，蜂鸣器发出报警声。

3）"2-搬运"程序块。程序段1中出料检测I0.2=1表示有物料需要搬运，且机械手初始位置标志M1.2=1，则置位M2.0，即建立步M2.0。M2.0常开触点闭合激活步M2.0，机械手开始搬运动作。机械手搬运动作采用顺序控制的形式进行程序编写，将机械手搬运动作分为四个步

M2.0~M2.3。

步 M2.0 实现抓取物料功能。即气动机械手手臂伸出→手臂伸出检测到位后，手爪下降→手爪下降检测到位后，手爪夹紧→手爪夹紧到位后 0.5s 抓取物料。

步 M2.1 机械手回安全位置。抓取物料 0.5s 时间到后，手爪提升→手爪提升到位后，手臂缩回→手臂缩回到位后，手臂向右摆动→至右侧限位处，定时 0.5s。

步 M2.2 实现放置物料功能。0.5s 时间到后，手臂伸出→手臂伸出到位后，手爪下降→到位后定时 0.5s，手爪放松、释放物料。

步 M2.3 机械手回初始位置。手爪提升→手爪提升到位后，手臂缩回→手臂缩回到位后，手臂向左摆动→至左侧限位后，机械手回到初始位置，同时复位机械手搬运机构得电的所有线圈 Q0.1~Q1.0=0。再次等待物料开始新的物料搬运工作。

4) "3-分拣" 程序块。程序段 1 中，若入料检测传感器检测到有物料落入传送带 I2.2=1，且分拣原位标志 M1.3=1，则置位 M3.0，即建立步 3.0。M3.0 常开触点闭合激活步 M3.0。物料传送与分拣机构开始工作。

步 M3.0 实现物料的传送。首先置位 M1.4=1，表示当前传送带上有物料需要进行分拣，此时分拣原位标志 M1.3=0，禁止再次投料。然后置位输出变频器方向信号 Q2.2=1 和变频器速度信号 Q2.4=1，三相异步电动机以转速 650r/min 正转运行，拖动传送带自左向右输送物料。若推料一传感器检测到金属物料，I2.3=1，则复位 M3.0，置位 M3.1，即复位步 M3.0，建立步 M3.1 分支；若推料二传感器检测到白色塑料物料，I2.4=1，则复位 M3.0，置位 M4.1，即复位步 M3.0，建立步 M4.1 分支；若推料三传感器检测到黑色塑料物料，I2.5=1，则复位 M3.0，置位 M5.1，即复位步 M3.0，建立步 M5.1 分支。

步 M3.1 实现金属物料的分拣。M3.1 常开触点闭合激活步 M3.1，首先批量复位 Q2.2~Q2.6=0，传送带停止运行。若推料一缩回限位 I1.3=1，置位输出 Q1.1=1，推料一气缸伸出，将金属物料分拣至料槽一。推料一气缸伸出到位后 I1.2=1，复位输出 Q1.1=0，推料一气缸缩回，完成金属物料的分拣。同时复位 M3.1，置位 M6.0，即复位步 M3.1，建立步 M6.0。

步 M4.1 实现白色塑料物料的分拣。M4.1 常开触点闭合激活步 M4.1，首先批量复位 Q2.2~Q2.6=0，传送带停止运行。若推料二缩回限位 I1.5=1，置位输出 Q2.0=1，推料二气缸伸出，将白色塑料物料分拣至料槽二。推料二气缸伸出到位后 I1.4=1，复位输出 Q2.0=0，推料二气缸缩回，完成白色塑料物料的分拣。同时复位 M4.1，置位 M6.0，即复位步 M4.1，建立步 M6.0。

步 M5.1 实现黑色塑料物料的分拣。M5.1 常开触点闭合激活步 M5.1，首先批量复位 Q2.2~Q2.6=0，传送带停止运行。若推料三缩回限位 I2.1=1，置位输出 Q2.1=1，推料三气缸伸出，将黑色塑料物料分拣至料槽三。推料三气缸伸出到位后 I2.0=1，复位输出 Q2.1=0，推料三气缸缩回，完成黑色塑料物料的分拣。同时复位 M5.1，置位 M6.0，即复位步 M5.1，建立步 M6.0。

步 M6.0 是步 3.1、步 4.1 和步 5.1 的汇合。推料一缩回限位 I1.3 或推料二缩回限位 I1.5 或推料三缩回限位 I2.1 的上升沿信号复位 M1.4=0，表示当前传送带上的物料已分拣完成，"定时器".time1 延时 1s 后分拣原位标志 M1.3=1，复位 M6.0，即复位步 M6.0。等待物料再次开始新物料的传送及分拣工作。

(7) 制定施工计划

YL-235A 型光机电设备的组装与调试流程如图 5-43 所示。以此为依据,施工人员填写表 5-3,合理制定施工计划,确保在定额时间内完成规定的施工任务。

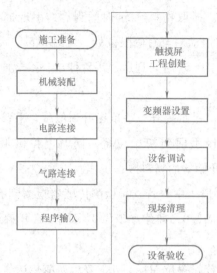

图 5-43 YL-235A 型光机电设备的组装与调试流程图

表 5-3 施工计划表

设备名称		施工日期	总工时/h	施工人数/人		施工负责人	
YL-235A 型光机电设备							
序号	施工任务			施工人员	工序定额		备注
1	阅读设备技术文件						
2	机械装配、调整						
3	电路连接、检查						
4	气路连接、检查						
5	程序输入						
6	触摸屏工程创建						
7	设置变频器参数						
8	设备调试						
9	现场清理,技术文件整理						
10	设备验收						

2. 施工准备

(1) 设备清点

检查 YL-235A 型光机电设备的部件是否齐全,并归类放置。YL-235A 型光机电设备清单见表 5-4。

表 5-4 设备清单

序号	名称	型号规格	数量	单位	备注
1	直流减速电动机	24V	1	台	
2	物料料盘		1	个	
3	转盘支架		2	个	
4	物料支架		1	套	

（续）

序号	名称	型号规格	数量	单位	备注
5	警示灯及其支架	两色、闪烁	1	套	
6	伸缩气缸套件	CXSM15-100	1	套	
7	提升气缸套件	CDJ2KB16-75-B	1	套	
8	手爪套件	MHZ2-10D1E	1	套	
9	旋转气缸套件	CDRB2BW20-180S	1	套	
10	机械手固定支架		1	套	
11	缓冲器		2	只	
12	传送带套件	50cm×700cm	1	套	
13	推料气缸套件	CDJ2KB10-60-B	3	套	
14	料槽套件		3	套	
15	电动机及安装套件	380V、25W	1	套	
16	落料口		1	只	
17	光电传感器及其支架	E3Z-LS61	1	套	出料口
18		GO12-MDNA-A	1	套	落料口
19	电感式传感器	NSN4-2M60-E0-AM	3	套	
20	光纤传感器及其支架	E3X-NA11	2	套	
21	磁性传感器	D-59B	1	套	手爪紧松
22		SIWKOD-Z73	2	套	手臂伸缩
23		D-C73	8	套	手爪升降、推料限位
24	PLC模块	YL087、SIMATIC S7-1200 CPU 1214C +SM1223	1	块	
25	变频器模块	G120C	1	块	
26	触摸屏及通信线	昆仑通态 TPC7062Ti	1	套	
27	按钮模块	YL157	1	块	
28	电源模块	YL046	1	块	
29	螺钉	不锈钢内六角螺钉 M6×12	若干	只	
30		不锈钢内六角螺钉 M4×12	若干	只	
31		不锈钢内六角螺钉 M3×10	若干	只	
32	螺母	椭圆形螺母 M6	若干	只	
33		M4	若干	只	
34		M3	若干	只	
35	垫圈	$\phi4$	若干	只	

（2）工具清点

设备组装工具清单见表5-5，施工人员应清点工具的数量，并认真检查其性能是否完好。

表5-5　工具清单

序号	名称	规格、型号	数量	单位
1	工具箱		1	只
2	螺钉旋具	一字、100mm	1	把
3	钟表螺钉旋具		1	套

（续）

序号	名称	规格、型号	数量	单位
4	螺钉旋具	十字、150mm	1	把
5	螺钉旋具	十字、100mm	1	把
6	螺钉旋具	一字、150mm	1	把
7	斜口钳	150mm	1	把
8	尖嘴钳	150mm	1	把
9	剥线钳		1	把
10	内六角扳手（组套）	PM-C9	1	套
11	万用表		1	只

【任务实施】

根据制定的施工计划，按顺序对 YL-235A 型光机电设备实施组装，施工中应注意及时调整进度，保证定额。施工时必须严格遵守安全操作规程，加强安全保障措施，确保人身和设备安全。

1. 机械装配

（1）机械装配前的准备

按照要求清理现场、准备图样及工具，并安排装配流程。参考流程如图 5-44 所示。

（2）机械装配步骤

按确定的设备组装顺序组装 YL-235A 型光机电设备。

1）划线定位。

2）组装传送装置。参考图 4-11，组装传送装置。

① 安装传送带脚支架。

② 固定落料口。

③ 安装落料口传感器。

④ 固定传送带。

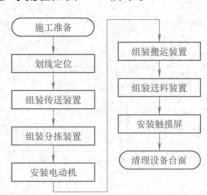

图 5-44　机械装配流程图

3）组装分拣装置。参考图 4-12，组装分拣装置。

① 组装起动推料传感器。

② 组装推料气缸。

③ 固定、调整料槽与其对应的推料气缸，使之在同一中心线上。

4）安装电动机。调整电动机的高度、垂直度，直至电动机与传送带同轴，如图 4-13 所示。

5）固定电磁阀阀组。如图 4-14 所示，将电磁阀阀组固定在定位处。

6）组装搬运装置。参考图 4-15，组装固定机械手。

① 安装旋转气缸。

② 组装机械手支架。

③ 组装机械手手臂。

④ 组装提升臂。

⑤ 安装手爪。

⑥ 固定磁性传感器。

⑦ 固定左、右限位装置。

⑧ 固定机械手，调整机械手摆幅、高度等尺寸，使机械手能准确地将物料放入传送带落料口内。

7）组装固定物料支架及出料口。如图 5-45 所示，在物料支架上装好出料口，固定传感器后将其固定在定位处。在调整出料口的高度等尺寸的同时，配合调整机械手的部分尺寸，保证机械手气动手爪能准确无误地从出料口抓取物料，同时又能准确无误地将物料释放至传送带的落料口内，实现出料口、机械手、落料口三者之间的无偏差衔接。

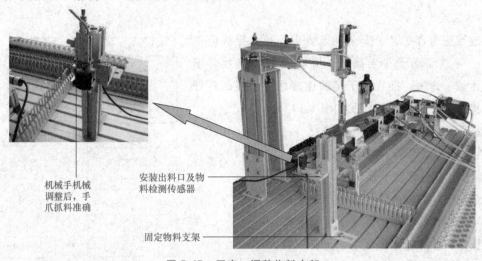

机械手机械
调整后，手
爪抓料准确

安装出料口及物
料检测传感器

固定物料支架

图 5-45　固定、调整物料支架

8）安装转盘及其支架。如图 5-46 所示，装好物料料盘，并将其固定在定位处。

固定物
料料盘

图 5-46　固定物料料盘

9）固定触摸屏。如图 5-47 所示，将触摸屏固定在定位处。

10）固定警示灯。如图 5-47 所示，将警示灯固定在定位处。

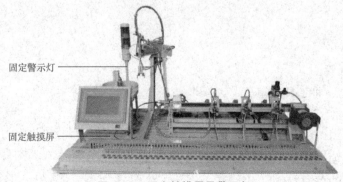

固定警示灯

固定触摸屏

图 5-47　固定触摸屏及警示灯

11）清理台面，保持台面无杂物或多余部件。

2. 电路连接

（1）电路连接前的准备

按照要求检查电源状态、准备图样、工具及线号管，并安排电路连接流程。参考流程如图5-48所示。

（2）电路连接步骤

电路连接应符合工艺、安全规范要求，所有导线应置于线槽内。导线与端子排连接时，应套线号管并及时编号，避免错编、漏编。插入端子排的连接线必须接触良好且紧固。接线端子排的功能分配如图1-19所示。

1）连接传感器至端子排。

2）连接输出点至端子排。

3）连接电动机至端子排。

4）连接 PLC 的输入信号端子至端子排。

5）连接 PLC 的输出信号端子至端子排。

6）连接 PLC 的输出信号端子至变频器。

7）连接变频器至电动机。

8）连接触摸屏的电源输入端子至电源模块中的 24V 直流电源。

9）将电源模块中的单相交流电源引至 PLC 模块。

10）将电源模块中的三相电源和接地线引至变频器的主电路输入端子 L1、L2、L3、PE。

11）电路检查。

12）清理台面，将工具入箱。

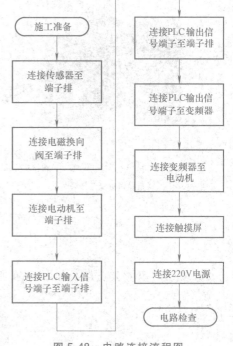

图 5-48　电路连接流程图

3. 气动回路连接

（1）气路连接前的准备

按照要求检查空气压缩机状态、准备图样及工具，并安排气动回路连接步骤。

（2）气路连接步骤

根据气路图连接气路。连接时，应避免直角或锐角弯曲，尽量平行布置，力求走向合理且气管最短，如图4-20所示。

1）连接气源。

2）连接执行元件。

3）整理、固定气管。

4）清理台面杂物，将工具入箱。

4. 程序输入

启动西门子 PLC 编程软件，输入梯形图，如图5-42所示。

1）启动西门子 PLC 编程软件。

2）创建新文件，选择 PLC 类型。

3）输入程序。

4）编译梯形图。

5）保存文件。

5. 触摸屏工程创建

根据设备控制功能创建触摸屏人机界面，其方法参考触摸屏技术文件。

1）建立工程。

2）组态设备窗口。

3）通信设置。

4）组态用户窗口。创建完成后的组态画面如图 5-49 所示。

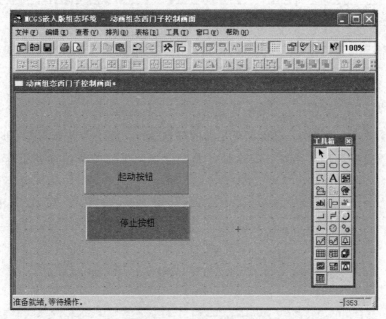

图 5-49　创建完成后的组态画面

5）工程下载。执行"工具"→"下载配置"命令，将工程保存后下载。

6）离线模拟。执行"模拟运行"命令，即可实现图 5-1 所示的触摸控制功能。

6. 变频器参数设置

在变频器的面板上，按照表 5-6 设定参数。

表 5-6　变频器参数设定表

序号	参数代号	设置值	说明
1	P0010	30	参数复位
2	P0970	1	起动参数复位
3	P0010	1	快速调试
4	P0015	1	宏连接
5	P0300	1	设置为异步电动机
6	P0304	380V	电动机额定电压
7	P0305	0.18 A	电动机额定电流

（续）

序号	参数代号	设置值	说明
8	P0307	0.03kW	电动机额定功率
9	P0310	50Hz	电动机额定频率
10	P0311	1300r/min	电动机额定转速
11	P1021	r0722.3	转速1的信号源为DI3
12	P1002	650r/min	转速1设定固定值
13	P1003	390r/min	转速2设定固定值
14	P1004	1040r/min	转速3设定固定值
15	P1082	1300r/min	最大转速
16	P1120	0.1s	加速时间
17	P1121	0.1s	减速时间
18	P1900	0	电动机数据检查
19	P0010	0	电动机就绪
20	P0971	1	保存参数

7. 设备调试

为了避免设备调试出现事故，确保调试工作的顺利进行，施工人员必须进一步确认设备机械安装、电路安装及气路安装的正确性、安全性，做好设备调试前的各项准备工作，调试流程图如图5-50所示。

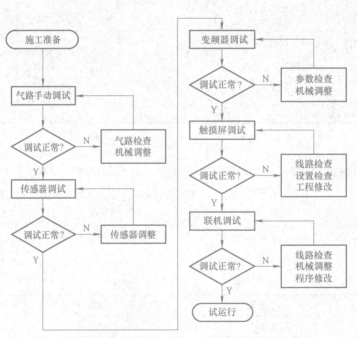

图5-50　设备调试流程图

（1）设备调试前的准备

1）清扫设备上的杂物，保证无设备之外的金属物。

2）检查机械部分动作完全正常。

3）检查电路连接的正确性，严禁出现短路现象，加强传感器接线、变频器接线的检查，避免因接线错误而损坏器件。

4）检查气动回路连接的正确性、可靠性，绝不允许调试过程中有气管脱出现象。

5）程序下载。

① 连接计算机与PLC。

② 合上断路器，给设备供电。

③ 写入程序。

（2）气动回路手动调试

1）接通空气压缩机电源，起动空气压缩机压缩空气，等待气源充足。

2）将气源压力调整到0.4~0.5MPa后，开启气动二联件上的阀门给机构供气。为确保调试安全，施工人员需观察气路系统有无泄漏现象，若有，应立即解决。

3）在正常工作压力下，对气动回路进行手动调试，直至机构动作完全正常为止。

4）调整节流阀至合适开度，使各气缸的运动速度趋于合理。

（3）传感器调试

调整传感器的位置，观察PLC的输入指示灯状态。

1）出料口放置物料，调整、固定物料检测传感器。

2）手动控制机械手，调整、固定各限位传感器。

3）在落料口中先后放置三类物料，调整、固定落料口物料检测传感器。

4）在A点位置放置金属物料，调整、固定金属传感器。

5）分别在B点和C点位置放置白色塑料物料、黑色塑料物料，调整固定光纤传感器。

6）手动推料气缸，调整、固定磁性传感器。

（4）变频器调试

闭合变频器模块上的DI0、DI3开关，传送带自左向右运行。

（5）触摸屏调试

断开设备断路器，关闭设备总电源。

1）连接触摸屏与PLC。

2）连接计算机与触摸屏。

3）接通设备总电源。

4）下载触摸屏程序。

5）调试触摸屏程序。运行PLC，触摸人机界面上的起动按钮，PLC输出指示灯显示设备开始工作；触摸停止按钮，设备停止工作。

（6）联机调试

气路手动调试、传感器调试和变频器调试正常后，接通PLC输出负载的电源回路，便可联机调试。调试时，要求施工人员认真观察设备的运行情况，若出现问题，应立即解决或切断电源，避免扩大故障范围。调试观察的主要部位如图5-51所示。

表5-7为联机调试的正确结果，若调试中有与之不符的情况，施工人员首先应根据现场情况，判断是否需要切断电源，在分析、判断故障形成的原因（机械、电路、气路或程序问题）的基础上，进行检修、重新调试，直至设备完全实现功能。

（7）试运行

施工人员操作YL-235A型光机电设备，观察一段时间，确保设备稳定、可靠运行。

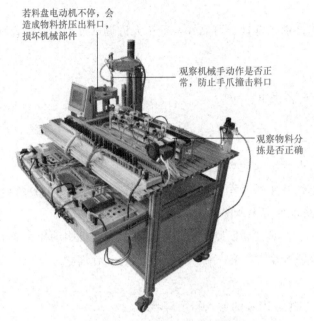

若料盘电动机不停，会造成物料挤压出料口，损坏机械部件

观察机械手动作是否正常，防止手爪撞击料口

观察物料分拣是否正确

图 5-51　YL-235A 型光机电设备

表 5-7　联机调试结果一览表

步骤	操作过程	设备实现的功能	备注
1	触摸起动按钮	机械手复位	
		送料机构送料	送料
2	10s 后无物料	停机报警	
3	出料口有物料	机械手搬运物料	搬运物料
4	机械手释放物料(金属)	传送带运转	传送、分拣金属物料
5	物料传送至 A 点位置	气缸一伸出，物料被分拣至料槽一内	
6	气缸一伸出到位后	气缸一缩回，传送带停转	
7	机械手释放物料(白色塑料)	传送带运转	传送、分拣白色塑料物料
8	物料传送至 B 点位置	气缸二伸出，物料被分拣至料槽二内	
9	气缸二伸出到位后	气缸二缩回，传送带停转	
10	机械手释放物料(黑色塑料)	传送带运转	传送、分拣黑色塑料物料
11	物料传送至 C 点位置	气缸三伸出，物料被分拣至料槽三内	
12	气缸三伸出到位后	气缸三缩回，传送带停转	
13	重新加料，触摸停止按钮，机构完成当前工作循环后停止工作		

8. 现场清理

设备调试完毕，要求施工人员清点工具、归类整理资料，清扫现场卫生，并填写设备安装登记表。

9. 设备验收

设备质量验收表见表 5-8。

表 5-8　设备质量验收表

验收项目及要求		配分	配分标准	扣分	得分	备注
设备组装	1. 设备部件安装可靠,各部件位置衔接准确 2. 电路安装正确,接线规范 3. 气路连接正确,规范美观	35	1. 部件安装位置错误,每处扣2分 2. 部件衔接不到位、零件松动,每处扣2分 3. 电路连接错误,每处扣2分 4. 导线反圈、压皮、松动,每处扣2分 5. 错、漏编号,每处扣1分 6. 导线未入线槽、布线凌乱,每处扣2分 7. 气路连接错误,每处扣2分 8. 气路漏气、掉管,每处扣2分 9. 气管过长、过短、乱接,每处扣2分			
设备功能	1. 设备起停正常 2. 送料机构正常 3. 机械手复位正常 4. 机械手搬运物料正常 5. 传送带运转正常 6. 金属物料分拣正常 7. 白色塑料物料分拣正常 8. 黑色塑料物料分拣正常 9. 变频器参数设置正确 10. 人机界面按钮触摸正常	60	1. 设备未按要求起动或停止,每处扣5分 2. 送料机构未按要求送料,扣10分 3. 机械手未按要求复位,扣5分 4. 机械手未按要求搬运物料,每处扣5分 5. 传送带未按要求运转,扣5分 6. 金属物料未按要求分拣,扣5分 7. 白色塑料物料未按要求分拣,扣5分 8. 黑色塑料物料未按要求分拣,扣5分 9. 变频器参数未按要求设置,扣5分 10. 人机界面未按要求创建,扣5分			
设备附件	资料齐全,归类有序	5	1. 设备组装图缺少,每处扣2分 2. 电路图、气路图、梯形图缺少,每处扣2分 3. 技术说明书、工具明细表、元件明细表缺少,每处扣2分			
安全生产	1. 自觉遵守安全文明生产规程 2. 保持现场干净整洁,工具摆放有序		1. 漏接接地线,每处扣5分 2. 每违反一项规定,扣3分 3. 发生安全事故,按0分处理 4. 现场凌乱、乱放工具、丢杂物、完成任务后不清理现场,扣5分			
时间	8h		提前正确完成,每5min加5分 超过定额时间,每5min扣2分			
开始时间		结束时间		实际时间		

【设备改造】

YL-235A 型光机电设备的改造

改造要求及任务如下:

(1) 功能要求

1) 起停控制。触摸人机界面上的起动按钮,设备开始工作,机械手复位:机械手手爪放松、手爪上升、手臂左旋至限位处停止。触摸停止按钮,设备完成当前工作循环后停止。

2) 送料功能。设备起动后,送料机构开始检测物料支架上的物料,警示灯绿灯闪烁。若无物料,PLC便起动送料电动机工作,驱动页扇旋转,物料在页扇推挤下,从料盘中移至出料口。当物料检测传感器检测到物料时,电动机停止旋转。若送料电动机运行10s后,传感器仍未检测到物料,则说明料盘内已无物料,此时机构停止工作并报警,警示灯红灯闪烁。

3) 搬运功能。送料机构出料口有物料,机械手臂伸出→手爪下降→手爪夹紧物料→0.5s后手爪上升→手臂缩回→手臂右旋→0.5s后手臂伸出→手爪下降→0.5s后，若传送带上无物料，则手爪放松、释放物料→手爪上升→手臂缩回→左旋至左侧限位处停止。

4）传送功能。当传送带入料口的光电传感器检测到物料时，变频器起动，驱动三相异步电动机以转速650r/min正转运行，传送带开始自左向右传送物料。当物料分拣完毕时，传送带停止运转。

5）分拣功能。

① 分拣金属物料。金属物料在A点位置由推料一气缸推入料槽一内。气缸一缩回到位后，三相异步电动机停止运行。

② 分拣黑色塑料物料。黑色塑料物料在B点位置由推料二气缸推入料槽二内。气缸二缩回到位后，三相异步电动机停止运行。

③ 分拣白色塑料物料。白色塑料物料在C点位置由推料三气缸推入料槽三内。气缸三缩回到位后，三相异步电动机停止运行。

6）打包报警功能。当料槽中存放有5个物料时，要求物料打包取走，打包指示灯按0.5s周期闪烁，并发出报警声，5s后继续工作。

（2）技术要求

1）工作方式要求。设备有两种工作方式：单步运行和自动运行。

2）设备的起停控制要求：

① 触摸起动按钮，设备自动工作。

② 触摸停止按钮，设备完成当前工作循环后停止。

③ 按下急停按钮，设备立即停止工作。

3）电气线路的设计符合工艺要求、安全规范。

4）气动回路的设计符合控制要求、正确规范。

（3）工作任务

1）按设备要求画出电路图。

2）按设备要求画出气路图。

3）按设备要求编写PLC控制程序。

4）改装YL-235A型光机电设备实现功能。

5）绘制设备装配示意图。

项目六　生产加工设备的组装与调试

【项目目标】

1. 会识读生产加工设备技术文件，了解生产加工设备的控制原理。

2. 会识读生产加工设备的装配示意图，能根据装配示意图组装生产加工设备。

3. 会识读生产加工设备的电路图，能根据电路图连接生产加工设备电气回路。

4. 会识读生产加工设备的梯形图，能输入梯形图、设置变频器参数、创建触摸屏工程，并调试生产加工设备实现功能。

5. 会制定生产加工设备的组装与调试方案，能按照施工手册和施工流程作业。

6. 能严格遵守电气线路接线规范，娴熟细致地搭建电路，养成追求极致的作业习惯。

7. 能自觉遵守安全生产规程，做到施工现场干净整洁，工具摆放有序，培养工匠精神。

8. 会查阅资料，改造生产加工设备，实现新功能。

【施工任务】

1. 根据设备装配示意图组装生产加工设备。

2. 按照设备电路图连接生产加工设备的电气回路。

3. 按照设备气路图连接生产加工设备的气动回路。

4. 根据要求创建触摸屏人机界面。

5. 输入设备控制程序，正确设置变频器参数，调试生产加工设备实现功能。

【施工前准备】

施工人员在施工前应仔细阅读生产加工设备随机技术文件，了解设备的组成及其运行情况，看懂装配示意图、电路图、气动回路图及梯形图等图样，然后再根据施工任务制定施工计划、施工方案等。

1. 识读设备图样及技术文件

（1）装置简介

生产加工设备的主要功能是自动上料、搬运，并能根据物料的性质进行分类输送、加工和存放，其工作流程如图 6-1 所示。

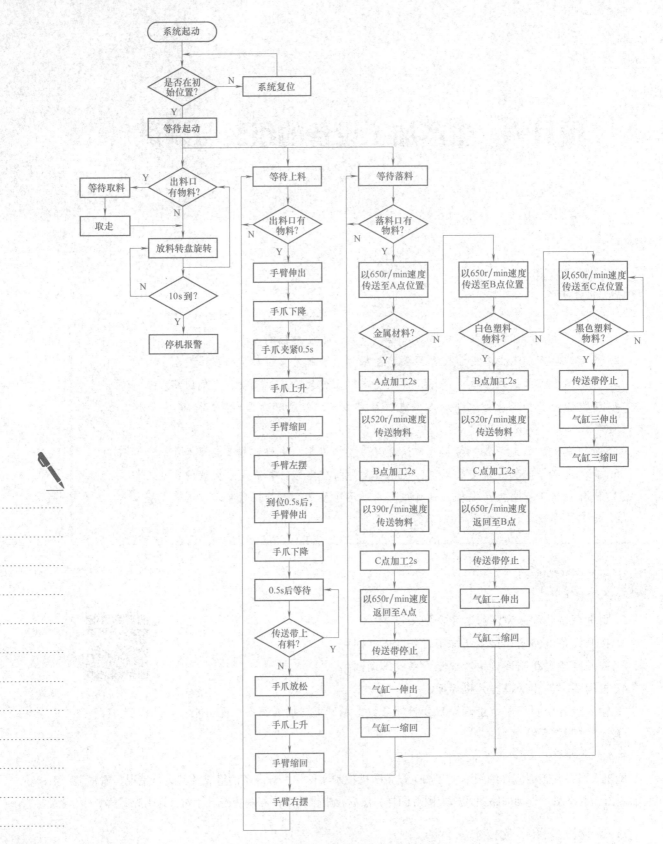

图 6-1　生产加工设备工作流程图

1）起停控制。触摸人机界面上的起动按钮，设备开始工作，机械手复位：机械手手爪放松、手爪上升、手臂缩回、手臂右摆至右侧限位处停止。触摸停止按钮，设备完成当前工作循环后停止。

2）送料功能。设备起动后，送料机构开始检测物料支架上的物料，警示灯绿灯闪烁。若无物料，PLC便起动送料电动机工作，驱动放料转盘的页扇旋转。物料在页扇推挤下，从转盘内移至出料口。当传感器检测到物料时，转盘页扇停止旋转。若送料电动机运行10s后，仍未检测到物料，则说明转盘内已无物料，此时送料机构停止工作并报警，警示灯红灯闪烁。

3）搬运功能。出料口有物料→机械手臂伸出→手爪下降→手爪夹紧物料→0.5s后手爪上升→手臂缩回→手臂左摆→0.5s后手臂伸出→手爪下降→0.5s后，若传送带上无物料，则手爪放松、释放物料→手爪上升→手臂缩回→右旋至右侧限位处停止。

4）传送、加工及分拣功能。当传送带落料口有物料时，变频器起动，驱动三相异步电动机以转速650r/min正转运行，传送带自右向左开始传送物料。

① 传送、加工及分拣金属物料。金属物料被传送至A点位置→传送带停止，进行第一次加工→2s后以转速520r/min继续向左传送至B点位置→传送带停止，进行第二次加工→2s后以转速390r/min继续向左传送至C点位置→传送带停止，进行第三次加工→2s后以转速650r/min返回至A点位置停止→推料一气缸（简称气缸一）伸出，将它推入料槽一内。

② 传送、加工及分拣白色塑料物料。白色塑料物料被传送至B点位置→传送带停止，进行第一次加工→2s后以转速520r/min继续向左传送至C点位置→传送带停止，进行第二次加工→2s后以转速650r/min返回至B点位置停止→推料二气缸（简称气缸二）伸出，将它推入料槽二内。

③ 传送、加工及分拣黑色塑料物料。黑色塑料物料被传送至C点位置→推料三气缸（简称气缸三）伸出，将它推入料槽三内。

5）触摸屏功能。

① 如图6-2所示，触摸屏人机界面的首页上方显示"×××生产加工设备"、同时设有界面切换开关"进入命令界面""进入监视界面"。

② 如图6-3所示，在命令界面上设置设备"起动按钮""停止按钮"和"返回首页"。

③ 如图6-4所示，在监视界面上显示三类分拣物料的个数，当计数显示等于100时，数值复位为0后重新计数。

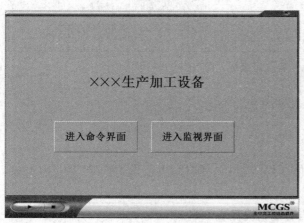

图6-2 人机界面首页

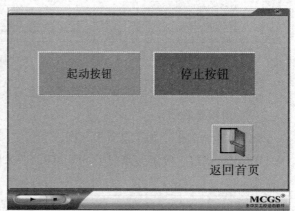

图6-3 命令界面

（2）识读装配示意图

如图6-5所示，生产加工设备的结构布局自右向左分别为送料机构、机械手搬运机构、物料传送分拣机构，鉴于料盘本身高于出料口，且物料检测传感器固定在物料支架的左侧，为了保证机械手搬运物料往返顺畅，物料料盘、出料口、机械手之间必须调整准确，安装尺寸误差要小。

1）结构组成。生产加工设备的结构组成与项目五相同，主要由物料料盘、出料口、机械手、传送带及分拣装置等组成，两者只是安装布局不同而已，其实物如图6-6所示。

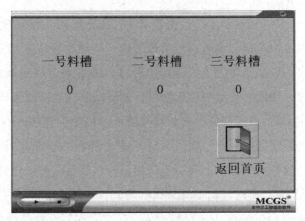

图6-4 监视界面

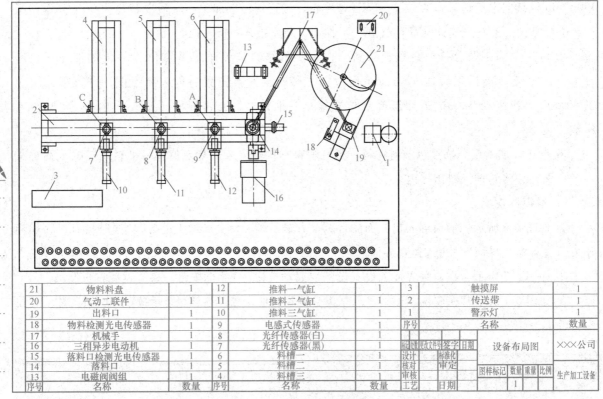

21	物料料盘	1	12	推料一气缸	1	3	触摸屏	1
20	气动二联件	1	11	推料二气缸	1	2	传送带	1
19	出料口	1	10	推料三气缸	1	1	警示灯	1
18	物料检测光电传感器	1	9	电感式传感器	1	序号	名称	数量
17	机械手	1	8	光纤传感器(白)	1		设备布局图	×××公司
16	三相异步电动机	1	7	光纤传感器(黑)	1			
15	落料口检测光电传感器	1	6	料槽一	1			生产加工设备
14	落料口	1	5	料槽二	1			
13	电磁阀阀组	1	4	料槽三	1		1	
序号	名称	数量	序号	名称	数量			

图6-5 生产加工设备布局图

2）尺寸分析。生产加工设备各部件的定位尺寸如图6-7所示。

（3）识读电路图

图6-8所示为生产加工设备控制图。

1）PLC机型。机型为西门子 SIMATIC S7-1200 CPU 1214C AC/DC/Rly 和 SM1223 DC/RLY 信号模块。

2）I/O点分配。PLC输入/输出设备及I/O点分配情况见表6-1。

3）输入/输出设备连接特点。设备的起、停信号均由触摸屏提供，PLC驱动变频器三段速正、反向运行。

图 6-6　生产加工设备控制图

表 6-1　输入/输出设备及 I/O 点分配

输入			输出		
元件代号	功能	输入点	元件代号	功能	输出点
SB5	起动按钮	I0.0	M	料盘电动机	Q0.0
SB6	停止按钮	I0.1	YV1	手爪夹紧	Q0.1
SQP1	料盘出料检测传感器	I0.2	YV2	手爪放松	Q0.2
SQP2	手臂左摆限位传感器	I0.3	YV3	手爪提升	Q0.3
SQP3	手臂右摆限位传感器	I0.4	YV4	手爪下降	Q0.4
SCK1	手臂伸出限位传感器	I0.5	YV5	手臂伸出	Q0.5
SCK2	手臂缩回限位传感器	I0.6	YV6	手臂缩回	Q0.6
SCK3	手爪提升限位传感器	I0.7	YV7	手臂左摆	Q0.7
SCK4	手爪下降限位传感器	I1.0	YV8	手臂右摆	Q1.0
SCK5	手爪夹紧检测传感器	I1.1	YV9	推料一伸出	Q1.1
SCK6	推料一伸出限位传感器	I1.2	YV10	推料二伸出	Q2.0
SCK7	推料一缩回限位传感器	I1.3	YV11	推料三伸出	Q2.1
SCK8	推料二伸出限位传感器	I1.4	DI0	变频器正转	Q2.2
SCK9	推料二缩回限位传感器	I1.5	DI1	变频器反转	Q2.3
SCK10	推料三伸出限位传感器	I2.0	DI3	变频器转速 1—650r/min	Q2.4
SCK11	推料三缩回限位传感器	I2.1	DI4	变频器转速 2—520r/min	Q2.5
SQP4	传送带入料检测传感器	I2.2	DI5	变频器转速 3—390r/min	Q2.6
SQP5	推料一传感器	I2.3	HA	蜂鸣器报警	Q2.7
SQP6	推料二传感器	I2.4	IN1	双层警示灯绿灯	Q3.0
SQP7	推料三传感器	I2.5	IN2	双层警示灯红灯	Q3.1

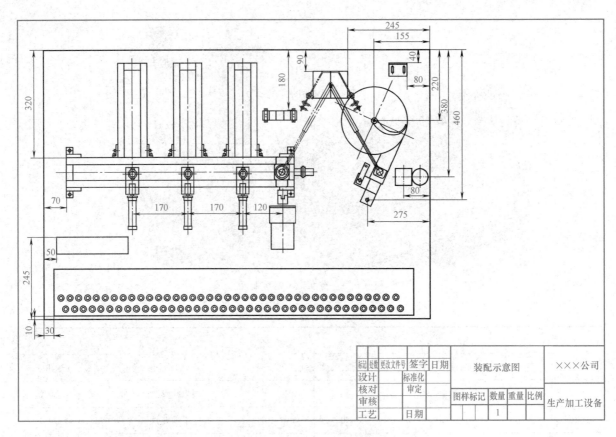

图6-7 生产加工设备装配示意图

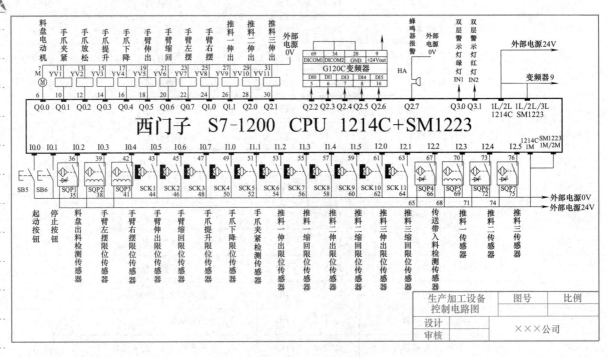

图6-8 生产加工设备控制电路图

(4) 识读气动回路图

图6-9所示为生产加工设备气路图,各控制元件、执行元件的工作状态见表6-2。

表 6-2 控制元件、执行元件状态一览表

电磁阀换向线圈得电情况											执行元件状态	机构任务
YV1	YV2	YV3	YV4	YV5	YV6	YV7	YV8	YV9	YV10	YV11		
+	−										气动手爪 A 夹紧	手爪夹紧
−	+										气动手爪 A 放松	手爪放松
		+	−								提升气缸 B 缩回	手爪提升
		−	+								提升气缸 B 伸出	手爪下降
				+	−						伸缩气缸 C 伸出	手臂伸出
				−	+						伸缩气缸 C 缩回	手臂缩回
						+	−				旋转气缸 D 正转	手臂右摆
						−	+				旋转气缸 D 反转	手臂左摆
								+			推料一气缸 E 伸出	分拣金属物料
								−			推料一气缸 E 缩回	等待分拣
									+		推料二气缸 F 伸出	分拣白色塑料物料
									−		推料二气缸 F 缩回	等待分拣
										+	推料三气缸 G 伸出	分拣黑色塑料物料
										−	推料三气缸 G 缩回	等待分拣

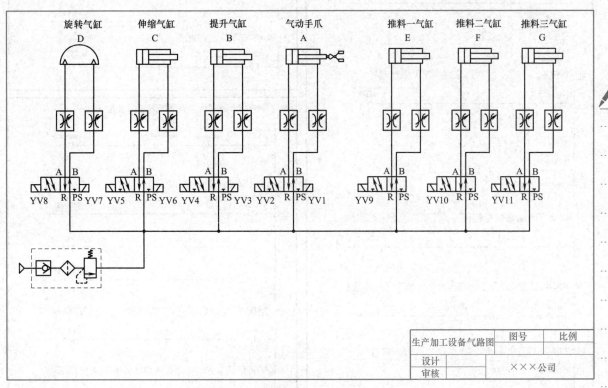

图 6-9 生产加工设备气动回路图

（5）识读梯形图

图 6-10 为 YL-235A 型光机电设备的梯形图，设备系统控制由"Main"程序块、"0-初始化"程序块、"1-供料"程序块、"2-搬运"程序块、"3-分拣"程序块五部分组成。

"Main"程序块主要实现设备的原位检测和起停控制功能。

"0-初始化"程序块主要实现返回初始位置。

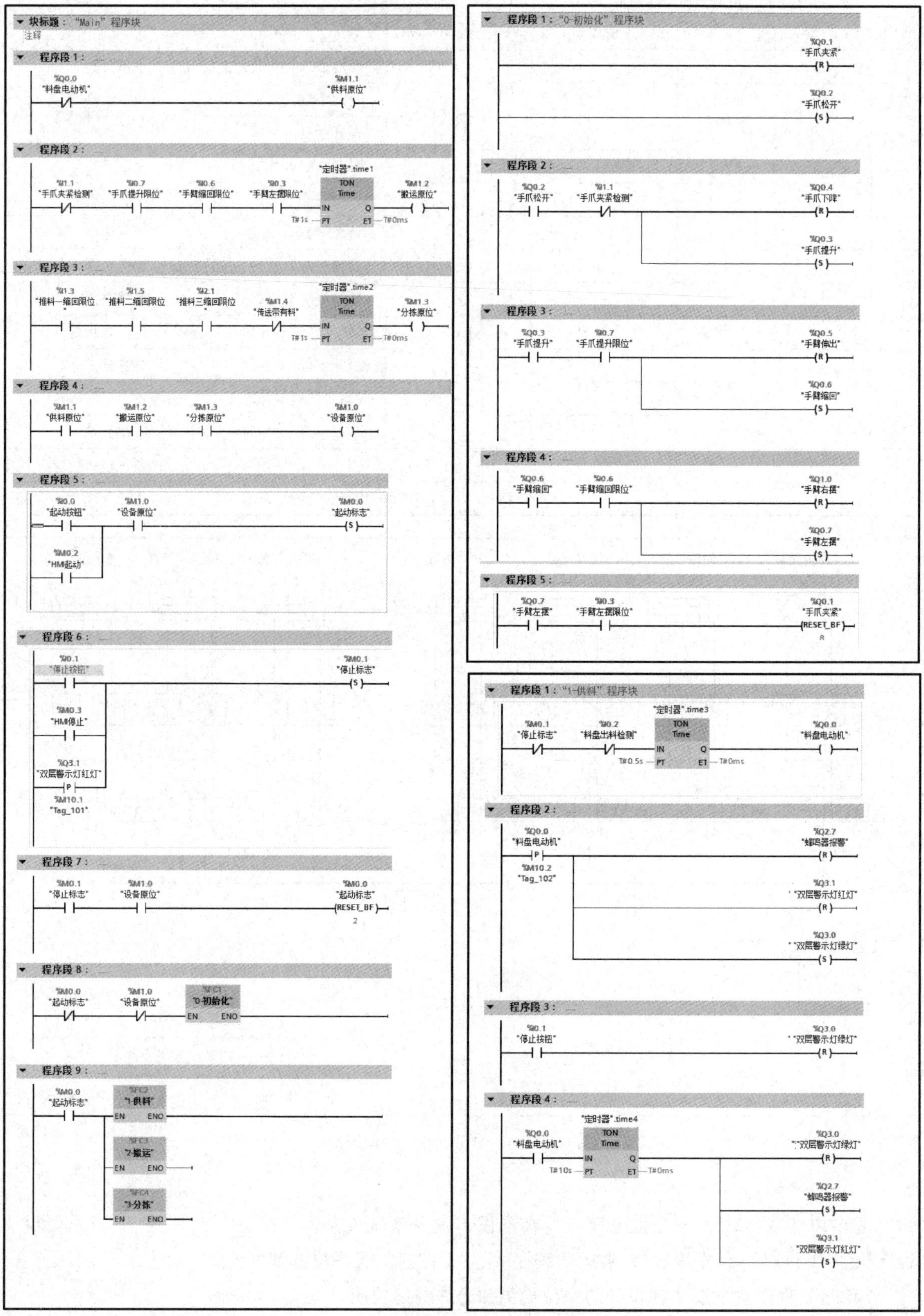

▼ 块标题："Main"程序块
注释

▼ 程序段 1：

%Q0.0
"料盘电动机" ——|/|—————————————————————( )—— %M1.1
"供料到位"

▼ 程序段 2：

%M1.1
"手爪夹紧检测"—| |— %Q0.7 "手爪提升限位"—| |— %Q0.6 "手臂缩回限位"—| |— %Q0.3 "手臂左摆限位"—| |—

"定时器".time1
TON
Time
IN   Q
T#1s — PT   ET — T#0ms

%M1.2
"搬运到位"—( )—

▼ 程序段 3：

%M1.3
"推料一缩回限位"—| |— %M1.5 "推料二缩回限位"—| |— %M2.1 "推料三缩回限位"—| |— %M1.4 "传送带有料"—|/|—

"定时器".time2
TON
Time
IN   Q
T#1s — PT   ET — T#0ms

%M1.3
"分拣到位"—( )—

▼ 程序段 4：

%M1.1
"供料到位"—| |— %M1.2 "搬运到位"—| |— %M1.3 "分拣到位"—| |—

%M1.0
"设备原位"—( )—

▼ 程序段 5：

%I0.0
"起动按钮"—| |— %M1.0 "设备原位"—| |—
%M0.2
"HMI起动"—| |—

%M0.0
"起动标志"—(S)—

▼ 程序段 6：

%I0.1
"停止按钮"—| |—
%M0.3
"HMI停止"—| |—
%Q3.1
"双层警示红灯"—|P|—
%M10.1
"Tag_101"

%M0.1
"停止标志"—(S)—

▼ 程序段 7：

%M0.1
"停止标志"—| |— %M1.0 "设备原位"—| |—

%M0.0
"起动标志"—(RESET_BF)—
2

▼ 程序段 8：

%M0.0
"起动标志"—| |— %M1.0 "设备原位"—|/|—
%FC1
"0-初始化"
EN   ENO

▼ 程序段 9：

%M0.0
"起动标志"—| |—
%FC2
"1-供料"
EN   ENO

%FC3
"2-搬运"
EN   ENO

%FC4
"3-分拣"
EN   ENO

▼ 程序段 1："0-初始化"程序块

%Q0.1
"手爪夹紧"—(R)—

%Q0.2
"手爪松开"—(S)—

▼ 程序段 2：

%Q0.2
"手爪松开"—| |— %M1.1 "手爪夹紧检测"—|/|—
%Q0.4
"手爪下降"—(R)—
%Q0.3
"手爪提升"—(S)—

▼ 程序段 3：

%Q0.3
"手爪提升"—| |— %Q0.7 "手爪提升限位"—| |—
%Q0.5
"手臂伸出"—(R)—
%Q0.6
"手臂缩回"—(S)—

▼ 程序段 4：

%Q0.6
"手臂缩回"—| |— %Q0.6 "手臂缩回限位"—| |—
%Q1.0
"手臂右摆"—(R)—
%Q0.7
"手臂左摆"—(S)—

▼ 程序段 5：

%Q0.7
"手臂左摆"—| |— %Q0.3 "手臂左摆限位"—| |—
%Q0.1
"手爪夹紧"—(RESET_BF)—
R

▼ 程序段 1："1-供料"程序块

%M0.1
"停止标志"—|/|— %M0.2 "料盘出料检测"—| |—
"定时器".time3
TON
Time
IN   Q
T#0.5s — PT   ET — T#0ms
%Q0.0
"料盘电动机"—( )—

▼ 程序段 2：

%Q0.0
"料盘电动机"—|P|—
%M10.2
"Tag_102"
%Q2.7
"蜂鸣器报警"—( )—
%Q3.1
"双层警示灯红灯"—(R)—
%Q3.0
"双层警示灯绿灯"—(S)—

▼ 程序段 3：

%I0.1
"停止按钮"—| |—
%Q3.0
"双层警示灯绿灯"—( )—

▼ 程序段 4：

%Q0.0
"料盘电动机"—| |—
"定时器".time4
TON
Time
IN   Q
T#10s — PT   ET — T#0ms
%Q3.0
"双层警示灯绿灯"—(R)—
%Q2.7
"蜂鸣器报警"—(S)—
%Q3.1
"双层警示灯红灯"—(S)—

图 6-10 生产加工设备梯形图

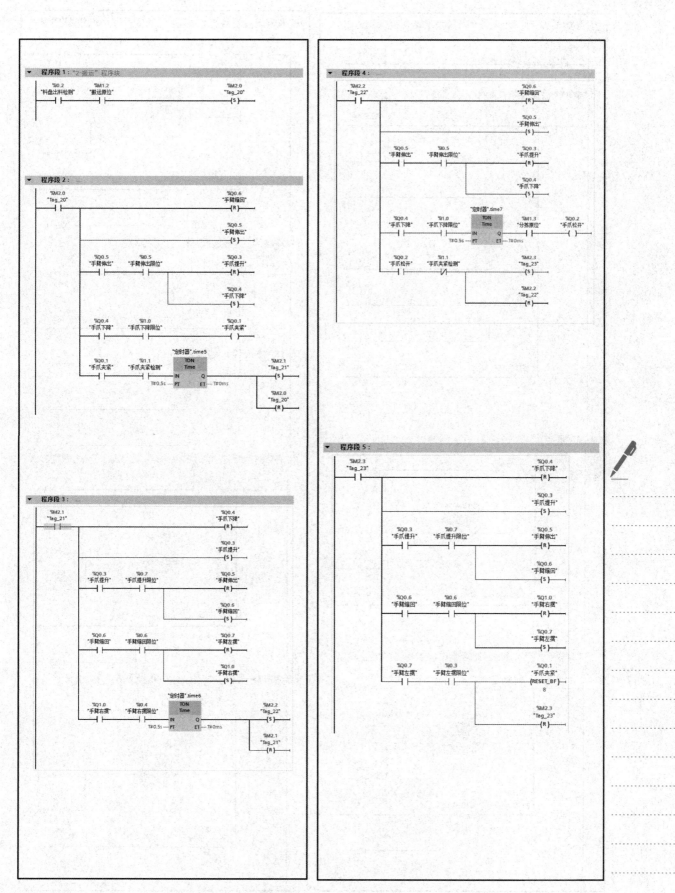

图 6-10　生产加工设备梯形图（续）

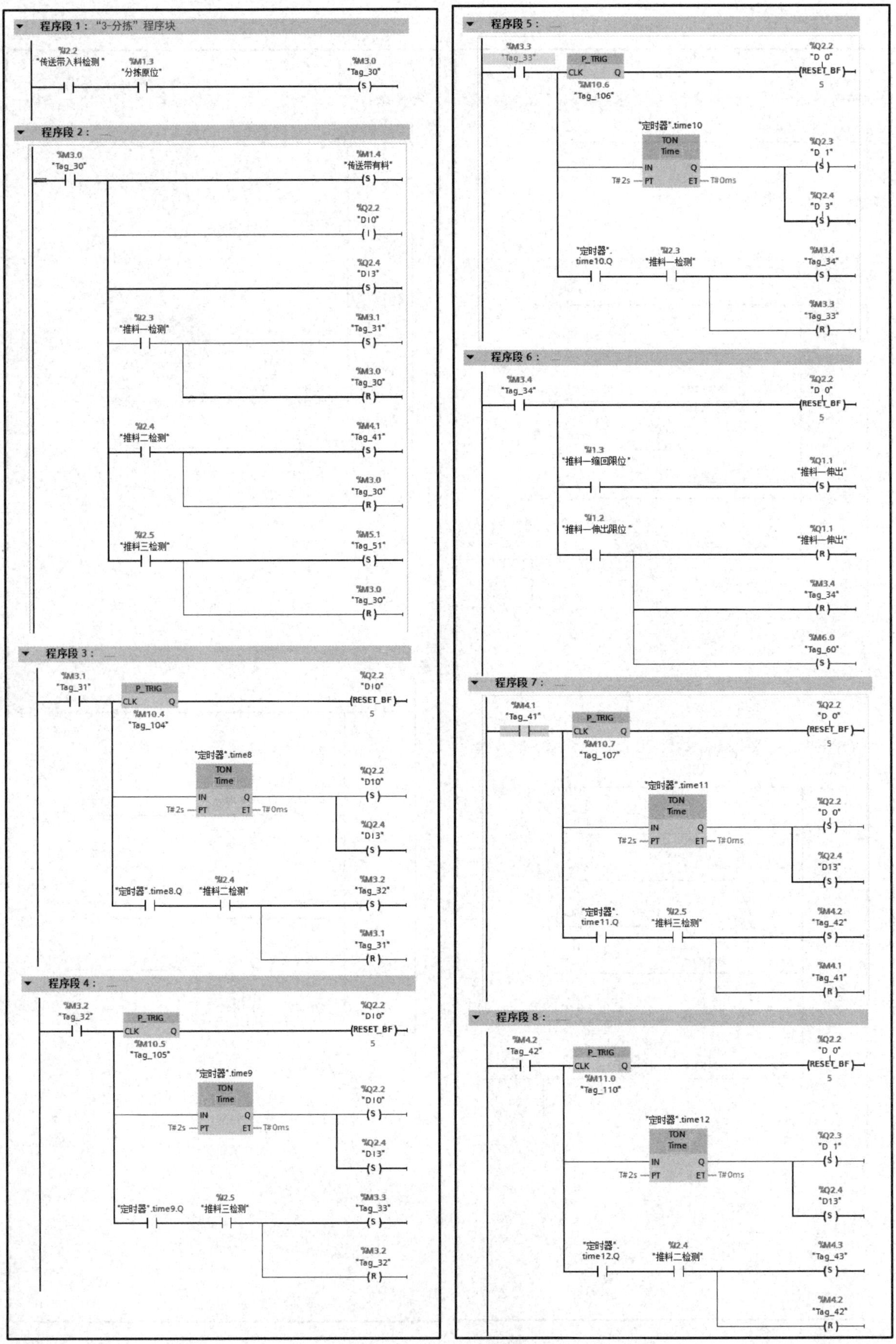

图 6-10　生产加工设备梯形图（续）

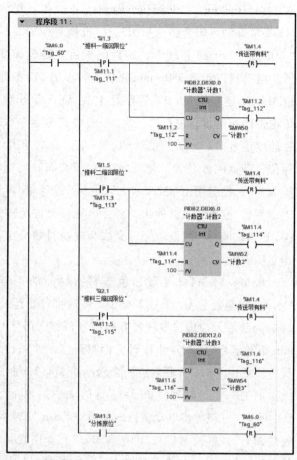

图 6-10　生产加工设备梯形图（续）

"1-供料"程序块主要实现送料机构的供料。

"2-搬运"程序块主要实现机械手将物料从料盘出料口搬运至传送带入料口。

"3-分拣"程序块主要实现传送带的运行和物料分拣的功能。

其中"Main"程序块、"0-初始化"程序块、"1-供料"程序块和"2-搬运"程序块与项目五中梯形图基本一致，注解说明详见项目五。

"3-分拣"程序块实现过程如下：

程序段 1 中，若入料检测传感器检测到有物料落入传送带 I2.2＝1，且分拣原位标志 M1.3＝1，则置位 M3.0，即建立步 M3.0。M3.0 常开触点闭合激活步 M3.0。物料传送与分拣机构开始工作。

步 M3.0 实现物料的传送。首先置位 M1.4＝1，表示当前传送带上有物料需要进行分拣，此时分拣原位标志 M1.3＝0，禁止再次投料。然后置位输出变频器方向信号 Q2.3＝1 和变频器速度信号 Q2.4＝1，三相异步电动机以转速 650r/min 正转运行，拖动传送带自右向左输送物料。若推料一传感器检测到金属物料 I2.3＝1，即到达 A 位置，则复位 M3.0，置位 M3.1，即复位步 M3.0，建立步 M3.1 分支；若推料二传感器检测到白色塑料物料 I2.4＝1，即到达 B 位置，则复位 M3.0，置位 M4.1，即复位步 M3.0，建立步 M4.1 分支。若推料三传感器检测到黑色塑料物料 I2.5＝1，即到达 C 位置，则复位 M3.0，置位 M6.1，即复位步 M3.0，建立步 M5.1 分支。

步 M3.1～M3.4 实现金属物料的加工与分拣。程序段 3 中 M3.1 常开触点闭合激活步 M3.1，批量复位 Q2.2～Q2.6＝0，传送带停止运行，进行第一次加工。"定时器".time8 延时 2s，2s 时间到后置位输出变频器方向和速度信号 Q2.3＝1、Q2.5＝1，三相异步电动机以转速 520r/min 正转运行至 I2.4＝1 推料二检测到位，即到达 B 位置，复位 M3.1，置位 M3.2，建立步 M3.2。程序段 4 中 M3.2 常开触点闭合激活步 M3.2，批量复位 Q2.2～Q2.6＝0，传送带停止运行，进行第二次加工。"定时器".time9 延时 2s，2s 时间到后置位输出变频器方向和速度信号 Q2.3＝1、Q2.6＝1，三相异步电动机以转速 390r/min 正转运行至 I2.5＝1 推料三检测到位，即到达 C 位置，复位 M3.2，置位 M3.3，建立步 M3.3。程序段 5 中 M3.3 常开触点闭合激活步 M3.3，批量复位 Q2.2～Q2.6＝0，传送带停止运行，进行第三次加工。"定时器".time10 延时 2s，2s 时间到后置位输出变频器方向和速度信号 Q2.2＝1、Q2.4＝1，三相异步电动机以转速 650r/min 反转运行至 I2.3＝1 推料一检测到位，即返回 A 位置，复位 M3.3，置位 M3.4，建立步 M3.4。程序段 6 中 M3.4 常开触点闭合激活步 M3.4，批量复位 Q2.2～Q2.6＝0，传送带停止运行。若推料一缩回限位 I1.3＝1，置位输出 Q1.1＝1，推料一气缸伸出，将金属物料分拣至料槽一。推料一气缸伸出到位后 I1.2＝1，复位输出 Q1.1＝0，推料一气缸缩回，完成金属物料的分拣。同时复位 M3.4，置位 M6.0，即复位步 M3.4，建立步 M6.0。

步 M4.1～M4.3 实现白色塑料物料的加工与分拣。程序段 7 中 M4.1 常开触点闭合激活步 M4.1，批量复位 Q2.2～Q2.6＝0，传送带停止运行，进行第一次加工。"定时器".time11 延时 2s，2s 时间到后置位输出变频器方向信号和速度信号 Q2.3＝1、Q2.5＝1，三相异步电动机以转速 520r/min 正转运行至 I2.5＝1 推料三检测到位，即到达 C 位置，复位 M4.1，置位 M4.2，建立步 M4.2。程序段 8 中 M4.2 常开触点闭合激活步 M4.2，批量复位 Q2.2～Q2.6＝0，传送带停止运行，进行第二次加工。"定时器".time12 延时 2s，2s 时间到后置位输出变频器方向和速度信号 Q2.2＝1、Q2.4＝1，三相异步电动机以转速 650r/min 反转运行至 I2.4＝1 推料三检测到位，即返回 B 位置，复位 M4.2，置位 M4.3，建立步 M4.3。程序段 9 中 M4.3 常开触点闭合激活步 M4.3，首先批量复位 Q2.2～Q2.6＝0，传送带停止运行。若推料二缩回限位 I1.5＝1，置位输出 Q2.0＝1，推料二气缸伸出，将白色塑料物料分拣至料槽二。推料二气缸伸出到位后 I1.4＝1，复位输出 Q2.0＝0，推料二气缸缩回，完成白色塑料物料的分拣。同时复位 M4.3，置位 M6.0，即复位步 M4.3，建立步 M6.0。

步 M5.1 实现黑色塑料物料的加工与分拣。M5.1 常开触点闭合激活步 M5.1，批量复位 Q2.2～Q2.6＝0，传送带停止运行。若推料三缩回限位 I2.1＝1，置位输出 Q2.1＝1，推料三气缸伸出，将黑色塑料物料分拣至料槽三。推料三气缸伸出到位后 I2.0＝1，复位输出 Q2.1＝0，推料三气缸缩回，完成黑色塑料物料的分拣。同时复位 M5.1，置位 M6.0，即复位步 M5.1，建立步 M6.0。

步 M6.0 是步 M3.4、步 M4.3 和步 M5.1 的汇合。推料一缩回限位 I1.3 或推料二缩回限位 I1.5 或推料三缩回限位 I2.1 的上升沿信号复位 M1.4＝0，表示当前传送带上的物料已分拣完成。"计数器".计数 1～"计数器".计数 3 分别统计金属物料、白色塑料物料和黑色塑料物料的分拣个数。当各自计数满 100 时，计数器复位。分拣原位标志 M1.3＝1，复位 M6.0，即复位步 M6.0。等待物料再次开始新物料的传送及分拣工作。

（6）制定施工计划

生产加工设备的组装与调试流程如图 6-11 所示。以此为依据，施工人员填写表 6-3，合理制定施工计划，确保在定额时间内完成规定的施工任务。

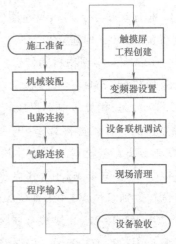

图 6-11　生产加工设备的组装
与调试流程图

表6-3 施工计划表

设备名称	施工日期	总工时/h	施工人数/人	施工负责人
×××生产加工设备				

序号	施工任务	施工人员	工序定额	备注
1	阅读设备技术文件			
2	机械装配、调整			
3	电路连接、检查			
4	气路连接、检查			
5	程序输入			
6	触摸屏工程创建			
7	设置变频器参数			
8	设备联机调试			
9	现场清理,技术文件整理			
10	设备验收			

2. 施工准备

(1) 设备清点

检查生产加工设备的部件是否齐全,并归类放置。生产加工设备的部件清单见表6-4。

表6-4 设备清单

序号	名称	型号规格	数量	单位	备注
1	直流减速电动机	24V	1	台	
2	放料转盘		1	个	
3	转盘支架		2	个	
4	物料支架		1	套	
5	警示灯及其支架	两色、闪烁	1	套	
6	伸缩气缸套件	CXSM15-100	1	套	
7	提升气缸套件	CDJ2KB16-75-B	1	套	
8	手爪套件	MHZ2-10D1E	1	套	
9	旋转气缸套件	CDRB2BW20-180S	1	套	
10	机械手固定支架		1	套	
11	缓冲器		2	只	
12	传送带套件	50cm×700cm	1	套	
13	推料气缸套件	CDJ2KB10-60-B	3	套	
14	料槽套件		3	套	
15	电动机及安装套件	380V、25W	1	套	
16	落料口		1	只	
17	光电传感器及其支架	E3Z-LS61	1	套	出料口
18		GO12-MDNA-A	1	套	落料口
19	电感式传感器	NSN4-2M60-E0-AM	3	套	
20	光纤传感器及其支架	E3X-NA11	2	套	

(续)

序号	名称	型号规格	数量	单位	备注
21		D-59B	1	套	手爪紧松
22	磁性传感器	SIWKOD-Z73	2	套	手臂伸缩
23		D-C73	8	套	手爪升降、推料限位
24	PLC模块	YL087、SIMATIC S7-1200 CPU 1214C+SM1223	1	块	
25	变频器模块	G120C	1	块	
26	触摸屏及通信线	昆仑通态 TPC7062Ti	1	套	
27	按钮模块	YL157	1	块	
28	电源模块	YL046	1	块	
29		不锈钢内六角螺钉 M6×12	若干	只	
30	螺钉	不锈钢内六角螺钉 M4×12	若干	只	
31		不锈钢内六角螺钉 M3×10	若干	只	
32		椭圆形螺母 M6	若干	只	
33	螺母	M4	若干	只	
34		M3	若干	只	
35	垫圈	φ4	若干	只	

（2）工具清点

设备组装工具清单见表6-5，施工人员应清点工具的数量，并认真检查其性能是否完好。

表6-5　工具清单

序号	名称	规格、型号	数量	单位
1	工具箱		1	只
2	螺钉旋具	一字、100mm	1	把
3	钟表螺钉旋具		1	套
4	螺钉旋具	十字、150mm	1	把
5	螺钉旋具	十字、100mm	1	把
6	螺钉旋具	一字、150mm	1	把
7	斜口钳	150mm	1	把
8	尖嘴钳	150mm	1	把
9	剥线钳		1	把
10	内六角扳手（组套）	PM-C9	1	套
11	万用表		1	只

【任务实施】

根据制定的施工计划，按顺序对生产加工设备实施组装，施工过程中应注意及时调整施工进度，保证定额。施工时必须严格遵守安全操作规程，加强安全保障措施，确保人身和设备安全。

1. 机械装配

（1）机械装配前的准备

按照要求清理现场、准备图样及工具，并安排装配流程，参考流程如图6-12所示。

（2）机械装配步骤

依据确定的设备组装顺序组装生产加工设备。

1）划线定位。

2）组装传送装置。参考图 6-13，组装传送装置。

① 安装传送带脚支架。

② 在传送带的右侧（电动机侧）固定落料口，并保证物料落放准确、平稳。

③ 安装落料口传感器。

④ 将传送带固定在定位处。

3）组装分拣装置。参考图 6-14，组装分拣装置。

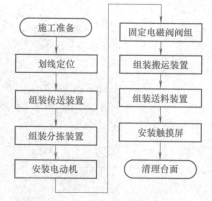

图 6-12　机械装配流程图

图 6-13　组装传送装置

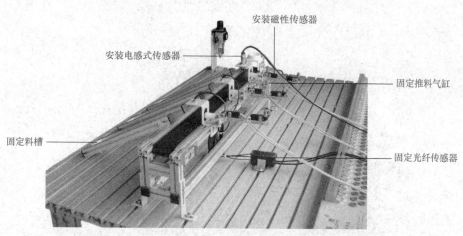

图 6-14　组装分拣装置

① 组装起动推料传感器。

② 组装推料气缸。

③ 固定、调整料槽与其对应的推料气缸，使两者在同一中心线上。

4）安装电动机。调整电动机的高度、垂直度，直至电动机与传送带同轴，如图 6-15 所示。

5）固定电磁阀阀组。如图 6-16 所示，将电磁阀阀组固定在定位处，并装好线槽。

6）组装搬运装置。参考图 6-17，组装固定机械手。

① 安装旋转气缸。

图 6-15　安装电动机

图 6-16　固定电磁阀阀组

图 6-17　组装固定机械手

② 组装机械手支架。

③ 组装机械手手臂。

④ 组装提升臂。

⑤ 安装手爪。

⑥ 固定磁性传感器。

⑦ 固定左右限位装置。

⑧ 固定机械手，调整机械手摆幅、高度等尺寸，使机械手能准确地将物料放入传送带落料口内。

7）组装固定物料支架及出料口。如图 6-18 所示，在物料支架上装好出料口，固定传感器后将其固定在定位处。调整出料口的高度等尺寸的同时，配合调整机械手的部分尺寸，保证机械手气动手爪能准确无误地从出料口抓取物料，同时又能准确无误地将物料释放至传送带的落料口内，实现出料口、机械手、落料口三者之间的无偏差衔接。

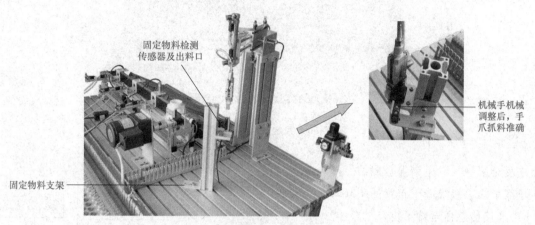

固定物料检测
传感器及出料口

机械手机械
调整后，手
爪抓料准确

固定物料支架

图 6-18　组装固定物料支架及出料口

8）安装转盘及其支架。如图 6-19 所示，装好物料料盘，并将其固定在定位处。

固定物
料料盘

图 6-19　固定物料料盘

9）固定触摸屏。如图 6-20 所示，将触摸屏固定在定位处。

10）固定警示灯。如图 6-20 所示，将警示灯固定在定位处。

11）清理台面，保持台面无杂物或多余部件。

2. 电路连接

（1）电路连接前的准备

按照要求检查电源状态，准备图样、工具及线号管，并安排电路连接流程。参考流程如图 6-21所示。

（2）电路连接步骤

电路连接应符合工艺、安全规范要求，所有导线应置于线槽内。导线与端子排连接时，应套线

图 6-20 固定触摸屏及警示灯

号管并及时编号，避免错编、漏编。插入端子排的连接线必须接触良好且紧固。接线端子布置如图 6-22 所示。

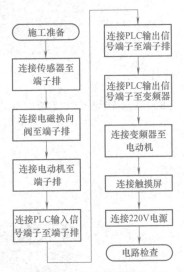

图 6-21 电路连接流程图

1）连接传感器至端子排。

2）连接输出元件至端子排。

3）连接电动机至端子排。

4）连接 PLC 的输入信号端子至端子排。

5）连接 PLC 的输出信号端子至端子排。

6）连接 PLC 的输出信号端子至变频器。

7）连接变频器至电动机。

8）连接触摸屏的电源输入端子至电源模块中的 24V 直流电源。

9）将电源模块中的单相交流电源引至 PLC 模块。

10）将电源模块中的三相电源和接地线引至变频器的主电路输入端子 L1、L2、L3、PE。

11）电路检查。

12）清理台面，将工具入箱。

3. 气动回路连接

（1）气路连接前的准备

按照要求检查空气压缩机状态、准备图样及工具，并安排气动回路连接步骤。

（2）气路连接步骤

根据气路图连接气路。连接时，应避免直角或锐角弯曲，尽量平行布置，力求走向合理且气管最短，如图 6-23 所示。

1）连接气源。

2）连接执行元件。

3）整理、固定气管。

4）清理台面杂物，将工具入箱。

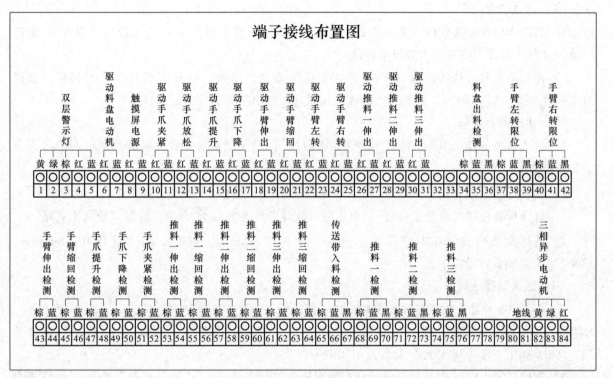

图 6-22 接线端子布置图

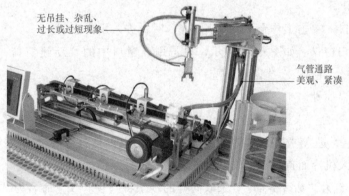

图 6-23 气路连接

4. 程序输入

启动西门子 PLC 编程软件，输入梯形图，如图 6-10 所示。

1）启动西门子 PLC 编程软件。

2）创建新文件，选择 PLC 类型。

3）输入程序。

4）编译梯形图。

5）保存文件。

5. 触摸屏工程创建

根据设备控制功能创建触摸屏人机界面，其方法参考触摸屏技术文件。

(1) 建立工程

1) 启动 MCGS 组态软件。单击桌面"程序"→"MCGS 组态软件"→"嵌入版"→"MCGSE 组态环境"文件，启动 MCGS 嵌入版组态软件。

2) 建立新工程。执行"文件"→"新建工程"命令，弹出"新建工程设置"对话框，选择 TPC 的类型为"TPC7062Ti"，单击"确认"按钮后，弹出新建工程的工作台。

(2) 组态设备窗口

1) 进入设备窗口。单击工作台上的"设备窗口"，进入设备窗口页，可看到窗口内的"设备窗口"图标。

2) 进入"设备组态：设备窗口"。双击"设备窗口"图标，便进入"设备组态：设备窗口"。

3) 打开设备构件"设备工具箱"。单击组态软件工具条中的 🛠 命令，打开"设备工具箱"。

4) 选择设备构件。双击"设备工具箱"中的"Siemens_1200"，将"设备 0--[Siemens_1200]"添加到设备窗口中。

(3) 通信设置

1) 在 MCGS 软件中对人机界面设置。在"设备组态：设备窗口"中，双击"设备 0--[Siemens_1200]"，弹出设置对话框。将"机架号"设置为 0，"槽号"设置为 1，"本地 IP 地址"设置为 192.168.0.30，"远端 IP 地址"设置为 192.168.0.1。

2) 在博途软件中对 PLC 进行设置。在博图软件"设备组态"→"连接机制"中将"允许来自远程对象的 PUT/GET 通信访问"选项打钩。

(4) 组态用户窗口

1) 进入用户窗口。单击工作台上的"用户窗口"，进入用户窗口。

2) 创建新的用户窗口。如图 6-24 所示，单击用户窗口中的"新建窗口"按钮，创建三个新的用户窗口"窗口 0""窗口 1""窗口 2"。

3) 设置用户窗口属性。

①"窗口 0"命名为"人机界面首页"。右击待定义的用户窗口"窗口 0"图标，执行下拉菜单中的"属性"命令，进入"用户窗口属性设置"对话框。选择"基本属性"，将窗口名称中的"窗口 0"修改为"人机界面首页"，单击"确认"按钮后保存。

②"窗口 1"命名为"命令界面"。采取同样的步骤将"窗口 1"命名为"命令界面"。

③"窗口 2"命名为"监视界面"。采取同样的步骤将"窗口 2"命名为"监视界面"。设置完成的用户窗口如图 6-25 所示。

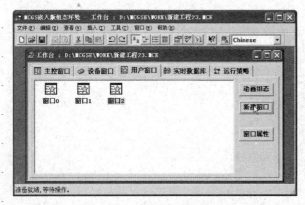

图 6-24　新建三个用户窗口

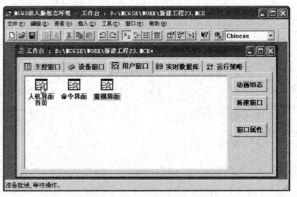

图 6-25　设置完成的用户窗口

4）创建图形对象。

第一步：创建"人机界面首页"的图形对象。

① 创建"×××生产加工设备"图形对象。

进入动画组态窗口。鼠标双击用户窗口内的"人机界面首页"图标，进入"动画组态人机界面首页"窗口。

创建"×××生产加工设备"标签图形。单击组态软件工具条中的 ⚒ 图标，弹出动画组态设备构件"工具箱"，如图 6-26 所示。

如图 6-26 所示，选择工具箱中的标签 A，在窗口编辑区按住鼠标左键并拖放出合适大小后，松开鼠标，便创建出一个如图 6-27 所示的标签图形。

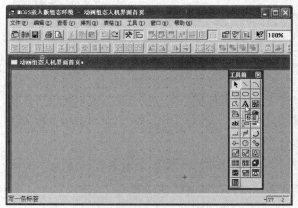

图 6-26　设备构件"工具箱"

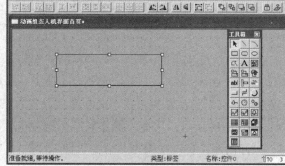

图 6-27　新建的标签构件图形

定义"×××生产加工设备"标签图形属性。双击新建的标签图形，弹出如图 6-28 所示的"标签动画组态属性设置"对话框，选择"属性设置"选项卡，将填充颜色设置为灰色，字符颜色设置为黑色，边线颜色设置为"没有边线"。

如图 6-29 所示，选择"扩展属性"选项卡，将其文本内容输入为"×××生产加工设备"。单击"确认"按钮后，"×××生产加工设备"标签图形便创建完成，调整标签图形至合适的位置即可，如图 6-30 所示。

图 6-28　标签动画组态属性设置

图 6-29　标签动画组态扩展属性设置

② 创建切换按钮"进入命令界面"图形对象。

创建切换按钮"进入命令界面"图形。选择工具箱中的"标准按钮"，在窗口编辑区按住鼠标左键并拖放出合适大小后，松开鼠标，便创建出一个如图 6-31 所示的切换按钮图形。

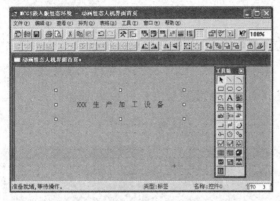

图 6-30 "×××生产加工设备"标签图形

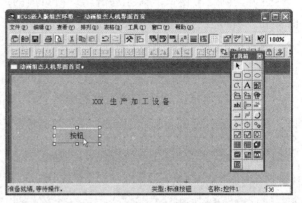

图 6-31 新建的切换按钮图形

定义切换按钮图形属性。双击新建的"按钮"图形，弹出如图 6-32 所示的"标准按钮构件属性设置"对话框，选择"基本属性"选项卡，将状态设置为"抬起"，文本内容修改为"进入命令界面"，背景色设置为灰色，文本颜色设置为黑色。

如图 6-33 所示，选择"操作属性"选项卡，单击"抬起功能"，勾选"打开用户窗口"复选框，打开的用户窗口设置为"命令界面"，单击"确认"按钮，其属性便设置完成。

图 6-32 "进入命令界面"图形的基本属性设置

图 6-33 "进入命令界面"图形的操作属性设置

③ 创建切换按钮"进入监视界面"图形对象。

用同样的方法创建切换按钮"进入监视界面"。创建完成的用户窗口"人机界面首页"如图 6-34 所示。

第二步：创建"命令界面"的图形对象。

① 创建"起动按钮"图形对象。

进入动画组态窗口。双击用户窗口中的"命令界面"图标，进入"动画组态命令界面"窗口。

创建起动按钮图形。单击组态软件工具条中的 图标，弹出动画组态"工具箱"。

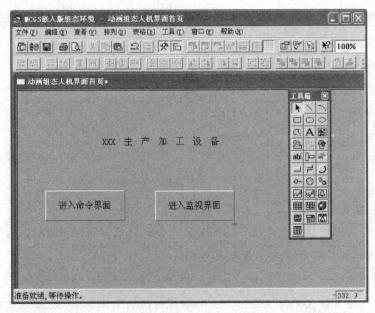

图 6-34 创建完成的"人机界面首页"图形

选择工具箱中标准按钮 ，在窗口编辑区按住鼠标左键并拖放出合适大小后，松开鼠标左键，便创建出一个按钮图形。

定义起动按钮图形属性。双击新建的"按钮"图形，弹出如图 6-35 所示的"标准按钮构件属性设置"对话框，选择"基本属性"选项卡，将状态设置为"抬起"，文本内容修改为"起动按钮"，背景色设置为绿色，文本颜色设置为黑色。

如图 6-36 所示，选择"操作属性"选项卡，单击"按下功能"，勾选"数据对象值操作"，选择"置1"操作，并单击其后面的图标 ，弹出如图 6-37 所示的"变量选择"对话框，选择"根据采集信息生成"，并将通道类型设置为"M 寄存器"，通道地址设置为"3"，数据类型设置为"通道的第 00 位"，读写类型设置为"读写"。单击"变量选择"对话框的"确认"按钮，其"操作属性"选项卡的设置内容如图 6-38 所示，单击"标准按钮构件属性设置"对话框的"确认"按钮，起动按钮的属性便设置完成。

图 6-35 起动按钮基本属性设置

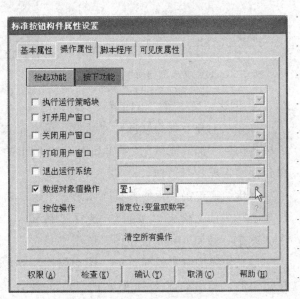

图 6-36 起动按钮操作属性设置

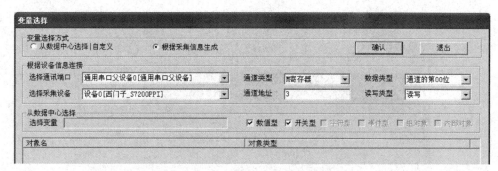

图6-37　"变量选择"对话框

② 创建"停止按钮"图形对象。

用同样的操作步骤创建"停止按钮"图形对象,设置其基本属性,将状态设置为"按下",文本内容修改为"停止按钮",背景色设置为红色。

根据PLC资源分配表,再设置"停止按钮"操作属性,单击"按下功能",勾选"数据对象值操作"复选框,选择"按1松0"操作,并单击其后面的图标 ?,设置"变量选择"对话框,选择"根据采集信息生成",将通道类型设置为"M寄存器",通道地址设置为"0",数据类型设置为"通道的第03位",读写类型设置为"读写"。

③ 编辑图形对象。

按住键盘的<Ctrl>键,单击选中两个按钮图形,使用组态软件工具条中的等高宽、左对齐等命令对它们进行位置排列,如图6-39所示。

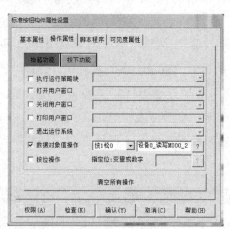

图6-38　设置完成的起动按钮操作属性

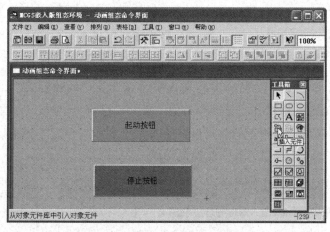

图6-39　创建完成的起、停按钮图形

④ 创建切换按钮"返回首页"图形对象。

打开"对象元件库管理"对话框。单击工具箱中的设备构件"插入元件",弹出如图6-40所示的"对象元件库管理"对话框。

创建切换按钮"返回首页"图形。单击"对象元件列表"中的文件夹"按钮",选择"按钮40",单击"确定"按钮,切换按钮图形便创建完成。

定义切换按钮"返回首页"图形属性。双击切换按钮图形,弹出如图6-41所示的"单元属性设置"对话框。选择"动画连接"选项卡,单击"标准按钮

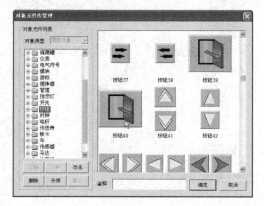

图6-40　"对象元件库管理"对话框

一按钮输入"，出现如图 6-42 所示的 ，单击 > 弹出如图 6-43 所示的"标准按钮构件属性设置"对话框，单击"抬起功能"，勾选"打开用户窗口"复选框，选择"操作属性"选项卡，并将"人机界面首页"选择为要打开的用户窗口，单击"确认"按钮即可。

图 6-41 "单元属性设置"对话框

图 6-42 单击"连接表达式"

⑤ 创建文字标签"返回首页"图形对象。

与创建文字标签"×××生产加工设备"的方法一样，创建文字标签"返回首页"，调整至合适位置，如图 6-44 所示。

图 6-43 切换按钮操作属性

图 6-44 创建完成的命令界面图形

第三步：创建"监视界面"的图形对象。

① 创建文字标签图形。鼠标双击用户窗口"监视界面"图标，进入"动画组态监视界面"窗口。与创建"人机界面首页"的方法一样，创建文字标签"料槽一""料槽二""料槽三"，如图 6-45 所示。

② 创建数值显示标签图形。

图 6-45 "动画组态监视界面"窗口

创建料槽一的数值显示图形。选择工具箱中的设备构件"标签",在料槽一下方拖放出一个如图 6-46 所示的标签图形。

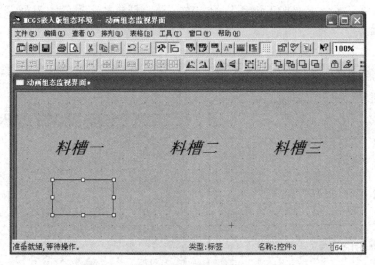

图 6-46 料槽一的"数值显示"图形标签

定义料槽一的数值显示图形属性。双击创建的数值显示图形,弹出如图 6-47 所示的"标签动画组态属性设置"对话框,选择"属性设置"选项卡,将边线颜色设置为"没有边线",输入输出连接勾选为"显示输出"。

如图 6-48 所示,选择"显示输出"选项卡,将输出值类型设置为"数值量输出",输出格式设置为"十进制"。单击表达式中的 ? ,弹出如图 6-49 所示的"变量选择"对话框,将通道类型设置为"M 内部继电器",数据类型设置为"16 位 无符号二进制",通道地址设置为"50",单击"确认"按钮后,显示输出表达式的内容为"设备 0_只读 MWUB050",如图 6-50 所示。

用同样的方法创建料槽二、料槽三的数值显示图形,分别将其通道地址设置为 MW52、MW54。

图 6-47 标签动画组态属性设置

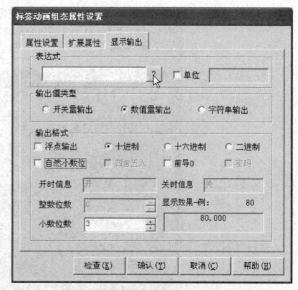
图 6-48 显示输出设置

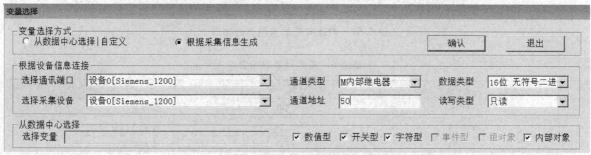
图 6-49 "变量选择"对话框

③ 创建切换按钮"返回首页"图形对象。

与命令界面中的创建方法一样，在监视界面上创建"返回首页"切换按钮图形。

④ 创建文字标签"返回首页"图形对象。

与命令界面中的创建方法一样，在监视界面上创建文字标签"返回首页"图形，创建完成的监视界面如图 6-51 所示。

（5）工程下载

执行"工具"→"下载配置"命令，将工程保存后下载。

（6）离线模拟

执行"模拟运行"命令，即可实现如图 6-2~图 6-4 所示的触摸控制功能。

6. 变频器参数设置

使用变频器的面板，按表 6-6 设置参数。

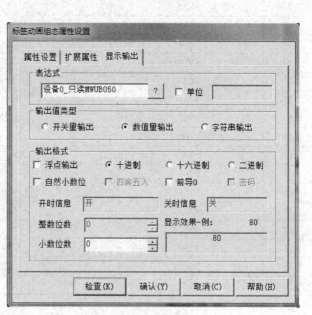
图 6-50 设置完成的变量表达式

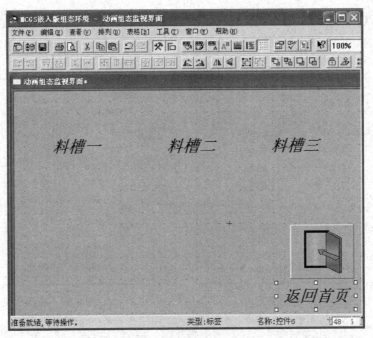

图 6-51　创建完成的监视界面窗口

表 6-6　变频器参数设置

序号	参数代号	设置值	说明
1	P0010	30	参数复位
2	P0970	1	起动参数复位
3	P0010	1	快速调试
4	P0015	1	宏连接
5	P0300	1	设置为异步电动机
6	P0304	380V	电动机额定电压
7	P0305	0.18A	电动机额定电流
8	P0307	0.03kW	电动机额定功率
9	P0310	50Hz	电动机额定频率
10	P0311	1300r/min	电动机额定转速
11	P1021	r0722.3	转速1的信号源为DI3
12	P1002	650r/min	转速1设定固定值
13	P1003	520r/min	转速2设定固定值
14	P1004	390r/min	转速3设定固定值
15	P1082	1300r/min	最大转速
16	P1120	0.1s	加速时间
17	P1121	0.1s	减速时间
18	P1900	0	电动机数据检查
19	P0010	0	电动机就绪
20	P0971	1	保存参数

7. 设备调试

　　为了避免设备调试出现事故，确保调试工作的顺利进行，施工人员必须进一步确认设备机械安装、电路安装及气路安装的正确性、安全性，做好设备调试前的各项准备工作，调试流程如图 6-52 所示。

（1）设备调试前的准备

1）清扫设备上的杂物，保证无设备之外的金属物。

2）检查机械部分动作完全正常。

3）检查电路连接的正确性，严禁出现短路现象，加强传感器接线、变频器接线的检查，避免因接线错误而损坏器件。

4）检查气动回路连接的正确性、可靠性，绝不允许调试过程中有气管脱出现象。

5）程序下载。

① 连接计算机与 PLC。

② 合上断路器，给设备供电。

③ 写入程序。

（2）气动回路手动调试

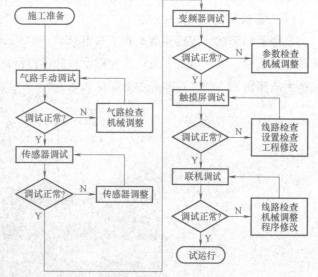

图 6-52 设备调试流程图

1）接通空气压缩机电源，起动空气压缩机压缩空气，等待气源充足。

2）将气源压力调整到 0.4~0.5MPa 后，开启气动二联件上的阀门给系统供气。为确保调试安全，施工人员需观察气路系统有无泄漏现象，若有应立即解决。

3）在正常工作压力下，对气动回路进行手动调试，直至机构动作完全正常为止。

4）调整节流阀至合适开度，使各气缸的运动速度趋于合理。

（3）传感器调试

调整传感器的位置，观察 PLC 的输入指示灯状态。

1）出料口放置物料，调整、固定物料检测光电传感器。

2）手动控制机械手，调整、固定各限位传感器。

3）在落料口中先后放置三类物料，调整、固定传送带落料口检测光电传感器。

4）在 A 点位置放置金属物料，调整、固定金属传感器。

5）分别在 B 点和 C 点位置放置白色塑料物料、黑色塑料物料，调整固定光纤传感器。

6）手动控制推料气缸，调整、固定磁性传感器。

（4）变频器调试

1）闭合变频器模块上的 DI1、DI3 开关，传送带自右向左高速运行。

2）闭合变频器模块上的 DI1、DI4 开关，传送带自右向左中速运行。

3）闭合变频器模块上的 DI1、DI5 开关，传送带自右向左低速运行。

4）闭合变频器模块上的 DI2、DI3 开关，传送带自左向右高速运行。

若电动机正转，须关闭电源，改变输出电源 U、V、W 相序后重新调试。

（5）触摸屏调试

拉下设备断路器，关闭设备总电源。

1）用通信线连接触摸屏与 PLC。

2）用下载线连接计算机与触摸屏。

3）接通设备总电源。

4）下载触摸屏程序。

5）调试触摸屏程序。运行 PLC，进入命令界面，触摸起动按钮，PLC 输出指示灯显示设备开始工作；进入监视界面，观察物料的数值显示是否正确；触摸命令界面上的停止按钮，设备停止工作。

（6）联机调试

气路手动调试、传感器调试和变频器调试正常后，接通 PLC 输出负载的电源回路，便可联机调试。调试时，要求施工人员认真观察设备的运行情况，若出现问题，应立即解决或切断电源，避免扩大故障范围。调试观察的主要部位如图 6-53 所示。

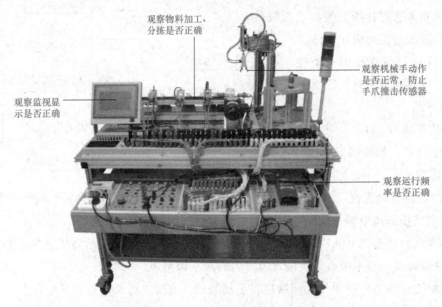

观察物料加工、分拣是否正确

观察机械手动作是否正常，防止手爪撞击传感器

观察监视显示是否正确

观察运行频率是否正确

图 6-53　生产加工设备调试观察的主要部位

表 6-7 为联机调试的正确结果，若调试中有与之不符的情况，施工人员首先应根据现场情况，判断是否需要切断电源，在分析、判断故障形成的原因（机械、电路、气路或程序问题）的基础上，进行检修、重新调试，直至设备完全实现功能。

表 6-7　联机调试结果一览表

步骤	操作过程	设备实现的功能	备注
1	触摸起动按钮	机械手复位	
		送料机构送料	送料
2	10s 后无物料	停机报警	
3	出料口有物料	机械手搬运物料	搬运
4	机械手释放物料（金属）	传送带高速传送至 A 点，加工 2s 传送带中速传送至 B 点，加工 2s 传送带低速传送至 C 点，加工 2s 传送带高速返回至 A 点，推入料槽一内	传送、加工、分拣金属物料
5	机械手释放物料（白色塑料）	传送带高速传送至 B 点，加工 2s 传送带中速传送至 C 点，加工 2s 传送带高速返回至 B 点，推入料槽二内	传送、加工、分拣白色塑料物料
6	机械手释放物料（黑色塑料）	传送带高速传送至 C 点，推入料槽三内	传送、加工、分拣黑色塑料物料
7	重新加料，触摸停止按钮，机构完成当前工作循环后停止工作		

（7）试运行

施工人员操作生产加工设备，运行、观察一段时间，确保设备合格、稳定、可靠。

8. 现场清理

设备调试完毕，要求施工人员清点工具、归类整理资料，并清扫现场卫生。

1）清点工具。对照清单清点工具，并按要求装入工具箱。

2）资料整理。整理归类技术说明书、电气元件明细表、施工计划表、设备电路图、梯形图、气路图、安装图等资料。

3）清扫设备周围卫生，保持环境整洁。

4）填写设备安装登记表，记载设备调试过程中出现的问题及解决的办法。

9. 设备验收

设备质量验收表见表6-8。

表6-8　设备质量验收表

验收项目及要求		配分	配分标准	扣分	得分	备注
设备组装	1. 设备部件安装可靠,各部件位置衔接准确 2. 电路安装正确,接线规范 3. 气路连接正确,规范美观	35	1. 部件安装位置错误,每处扣2分 2. 部件衔接不到位、零件松动,每处扣2分 3. 电路连接错误,每处扣2分 4. 导线反圈、压皮、松动,每处扣2分 5. 错、漏编号,每处扣1分 6. 导线未入线槽、布线凌乱,每处扣2分 7. 气路连接错误,每处扣2分 8. 气路漏气、掉管,每处扣2分 9. 气管过长、过短、乱接,每处扣2分			
设备功能	1. 设备起停正常 2. 送料机构正常 3. 机械手复位正常 4. 机械手搬运物料正常 5. 传送带运转正常 6. 金属物料加工、分拣正常 7. 白色塑料物料加工、分拣正常 8. 黑色塑料物料加工、分拣正常 9. 变频器参数设置正确 10. 触摸屏人机界面触摸正常	60	1. 设备未按要求起动或停止,每处扣5分 2. 送料机构未按要求送料,扣10分 3. 机械手未按要求复位,扣5分 4. 机械手未按要求搬运物料,每处扣5分 5. 传送带未按要求运转,扣5分 6. 金属物料未按要求加工、分拣,扣5分 7. 白色塑料物料未按要求加工、分拣,扣5分 8. 黑色塑料物料未按要求加工、分拣,扣5分 9. 变频器参数未按要求设置,扣5分 10. 人机界面未按要求创建,扣5分			
设备附件	资料齐全,归类有序	5	1. 设备组装图缺少,每处扣2分 2. 电路图、气路图、梯形图缺少,每处扣2分 3. 技术说明书、工具明细表、元件明细表缺少,每处扣2分			
安全生产	1. 自觉遵守安全文明生产规程 2. 保持现场干净整洁,工具摆放有序		1. 漏接接地线,每处扣5分 2. 每违反一项规定,扣3分 3. 发生安全事故,按0分处理 4. 现场凌乱、乱放工具、乱丢杂物、完成任务后不清理现场,扣5分			
时间	8h		提前正确完成,每5min加5分 超过定额时间,每5min扣2分			
开始时间		结束时间		实际时间		

【设备改造】

生产加工设备的改造

改造要求及任务如下：

（1）功能要求

1）起停控制。触摸人机界面上的起动按钮，设备开始工作，机械手复位：机械手手爪放松、手爪上升、手臂缩回、手臂右旋至右限位处停止。触摸停止按钮，设备完成当前工作循环后停止。

2）送料功能。设备起动后，送料机构开始检测物料支架上的物料，警示灯绿灯闪烁。若无物料，PLC便起动送料电动机工作，物料在页扇推挤下，从转盘中移至出料口。当物料检测传感器检测到物料时，放料转盘停止旋转。若送料电动机运行10s后，物料检测传感器仍未检测到物料，则说明料盘已无物料，此时机构停止工作并报警，警示灯红灯闪烁。

3）搬运功能。若出料口有物料→机械手臂伸出 →手爪下降→手爪夹紧物料→0.5s后手爪上升→手臂缩回→手臂左摆→0.5s后手臂伸出→手爪下降→0.5s后，若传送带上无物料，则手爪放松、释放物料→手爪上升→手臂缩回→手臂右摆至右侧限位处停止。

4）传送、加工及分拣功能。当落料口光电传感器检测到物料时，变频器起动，驱动三相异步电动机以转速910r/min正转运行，传送带自右向左开始传送物料。

① 传送、加工及分拣金属物料。金属物料传送至B点位置→传送带停止，进行第一次加工→2s后以转速520r/min继续向左传送至C点位置→传送带停止，进行第二次加工→2s后以转速650r/min返回至B点位置停止→推料二气缸动作，活塞杆伸出将它推入料槽二内。

② 传送、加工及分拣白色塑料物料。白色塑料物料传送至C点位置→传送带停止，进行加工→2s后推料三气缸动作，活塞杆伸出将它推入料槽三内。

③ 传送及分拣黑色塑料物料。黑色塑料物料传送至C点位置→传送带停止→1s后以转速650r/min返回至A点位置停止→推料一气缸动作，活塞杆伸出将它推入料槽一内。

5）打包报警功能。当料槽中存放至100个物料时，要求物料打包取走，打包指示灯以0.5s为周期闪烁，并发出报警声，5s后继续工作。

6）触摸屏功能。

① 在触摸屏人机界面的首页上方显示"×××生产加工设备"、设置界面切换开关"进入命令界面"和"进入监视界面"。

② 命令界面上设有"起动按钮""停止按钮"。

③ 监视界面上显示三类物料分拣的个数和打包指示。当计数显示等于100时，数值复位为0后重新计数。

（2）技术要求

1）设备的起停控制要求：

① 触摸人机界面上的起动按钮，设备开始工作。

② 触摸人机界面上的停止按钮，设备完成当前工作循环后停止。

③ 按下急停按钮，设备立即停止工作。

2）电气线路的设计符合工艺要求、安全规范。

3）气动回路的设计符合控制要求、正确规范。

（3）工作任务

1）按设备要求画出电路图。

2）按设备要求画出气路图。

3）按设备要求编写PLC控制程序。

4）改装生产加工设备实现功能。

5）绘制设备装配示意图。

数字孪生虚拟调试

02

项目七 分拣站数字孪生环境配置

1. 了解数字孪生虚拟调试的概念，会定义自动化设备中物料的属性。
2. 会定义平行传送带的属性，实现虚拟场景中传送带速度调节。
3. 会定义气缸等气动执行元件的属性。
4. 会定义距离传感器的属性，配置开口角度和测量范围。
5. 会定义料仓的属性。
6. 会应用仿真序列编辑器。

【操作任务】

1. 定义自动化设备中物料的属性。
2. 定义平行传送带的属性，实现虚拟场景中传送带速度调节。
3. 定义气缸等气动执行元件的属性。
4. 定义距离传感器的属性，配置开口角度和测量范围。
5. 定义料仓的属性。
6. 应用仿真序列编辑器。

【操作指导】

机械设计工程师在完成数字化概念模型后，以西门子数字孪生软件（NX MCD）为平台进行数字孪生虚拟调试。在实现虚拟联调前，需要对数字化模型进行配置和相关的定义。前期做虚拟仿真时主要流程如图 7-1 所示，为后期进行数字联调做准备。本项目需要完成物料属性的定义、传送带属性的定义、气缸属性的定义、分拣站传感器属性的定义、分拣站料仓属性的定义和分拣站虚拟的调试六个任务。

1. 物料属性定义

模型中物料经过属性定义，在执行仿真时，受到重力作用的影响，物料开始自由下落。

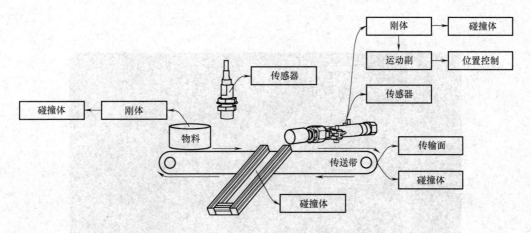

图 7-1　虚拟仿真准备工作主要流程

（1）操作前准备

1）了解真实（物理）场景中物料的形状大小。

2）安装 Siemens.NX.1872 或更高版本软件。

3）如图 7-2 所示，准备分拣站数字化模型文件 7-1.Prt。

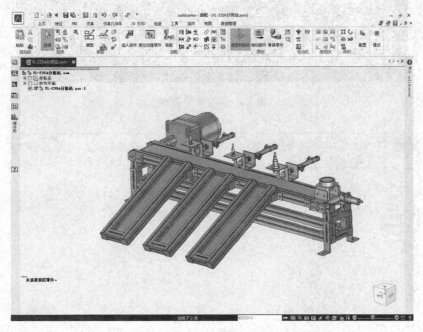

图 7-2　分拣站数字化模型文件 7-1.Prt

4）熟悉 NX 软件界面和查看模型的基本操作。

5）熟悉机电概念设计环境主页下各组件的功能。

（2）操作步骤

1）启动 NX 软件。如图 7-3 所示，在 Windows 中，选择 "开始"→"Siemens NX"→NX，启动 NX 软件。也可使用快速启动方式——双击桌面上的 NX 软件图标。启动后界面如图 7-4 所示。

2）在 NX 软件界面查看模型。具体操作方法见表 7-1。

3）在主页中，查看基本机电对象环境。各组件功能如图 7-5 所示。

4）打开模型文件，并切换至 "机电概念设计" 环境，打开后界面如图 7-6 所示。

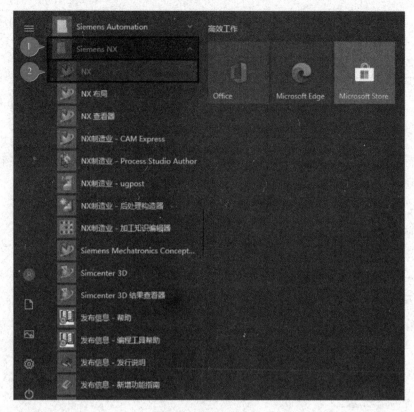

图 7-3　NX 软件图标

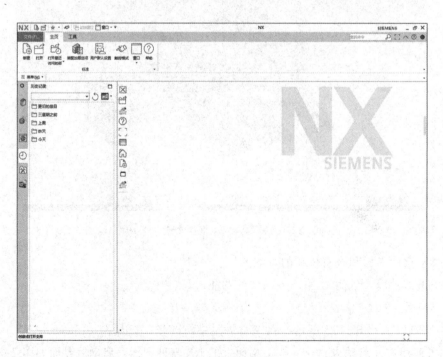

图 7-4　NX 软件界面

表 7-1　查看模型常见的基本操作——鼠标操作

序号	按键	作用
1	鼠标左键	1. 单击:选择模型(单选) 2. 按住不放拖动鼠标进行框选(多选)
2	中键(滚轮)	1. 滚动滚轮可以进行模型视图的放大或缩小 2. 按住中键,移动鼠标可以旋转模型视图 3. 单击中键等同于单击窗体上的"确定"按钮
3	鼠标右键	1. 单击:命令菜单(在不同的区域单击会出现不同的菜单) 2. 按住不放会调出圆盘菜单
4	鼠标(左键+中键) <Ctrl>键+鼠标中键	可以对模型视图进行平滑的放大或缩小
5	鼠标(右键+中键) <Shift>键+鼠标中键	平移视图
6	<Shift>键+鼠标左键	取消已选择的对象

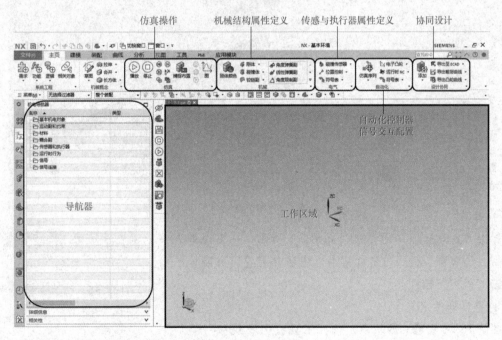

图 7-5　各组件功能简介

5）对工作区域中的模型的物料属性进行定义。

① 刚体属性定义。如图 7-7 的步骤❶~❹所示，首先选择工具栏中"机械"构件中的"刚体"，弹出"刚体"对话框中，在刚体对象中选择需要定义属性的零部件，在选择零件时，将光标放在零件上停留约 3s 后，待十字光标右下角出现三个小点后再选择，此时显示 ，单击鼠标

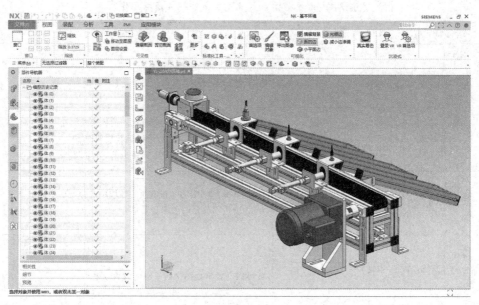

图 7-6 "机电概念设计"环境

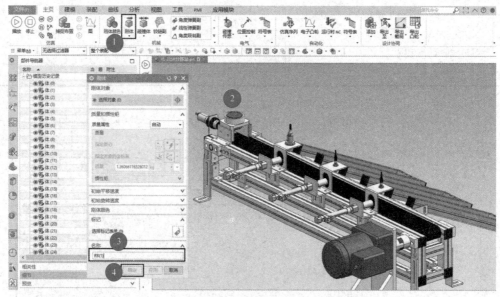

图 7-7 刚体属性定义

左键,弹出"快速选取"对话框,如图 7-8 所示,在下拉列表中
选择所需要的对象。然后在名称文本框中输入需要定义刚体的名
称,单击"确定"按钮。

② 碰撞体属性定义。

如图 7-9 的步骤❶~❹所示,选择工具栏中"机械"组件下
的"碰撞体",弹出"碰撞体"设置对话框,在该对话框的"碰
撞体对象"中选择需要定义属性的零部件,同时将碰撞形状设置
为"圆柱"(碰撞形状与物料的外形保持一致);形状属性设置为
"自动"。

6)执行仿真操作,观察运行结果并保存。

图 7-8 "快速选取"对话框

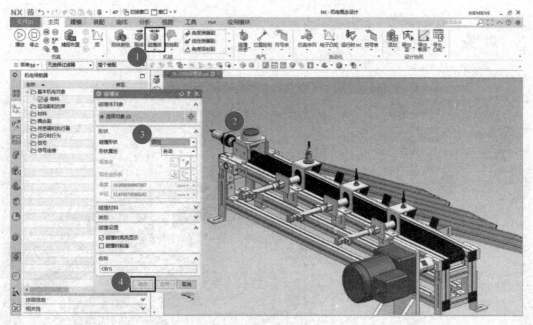

图 7-9　碰撞体属性定义

2. 传送带属性定义

结合物料属性定义，模型中传送带经过属性定义后，在执行仿真时，物料会落到传送带上，同时传送带也会按预先设定的速度运行。

（1）操作前准备

1）准备数字化模型文件 7-2. Prt，也可以在上一任务的数字化模型文件上继续操作。

2）熟悉传送带机构的组成、工作原理、各机械部件相互配合及机构传动，同时还需要考虑传送装置使用何种材料、减速电动机传动比、机械装配配合、粗糙度和摩擦系数等因素。

（2）操作步骤

1）将传送带的面定义为"碰撞体"属性；操作方法见物料属性定义中的碰撞体属性定义。传送带面的参数配置如下：

① 碰撞形状设置为：方块（碰撞形状与物料的外形保持一致）。

② 形状属性设置为：自动。

③ 此操作名称命名：传送带。

2）如图 7-10 所示，单击"碰撞体"下的倒三角按钮，并在下拉列表中选择"传输面"。弹出如图 7-11 所示的传输面各项配置窗口。

图 7-10　传送带的面定义"碰撞体"属性

3）如图 7-11 的步骤❶～❻所示，在传输面各项配置窗口中，在"传送带面"选项组下的"选择面"中选择传送带输送的面；在"速度和位置"选项组中，运动类型选择"直线"；指定矢量选择 X 轴（与传送带的运动方向保持一致）；传送带运行的速度设置为"50mm/s"；并将此操作命名为"传送皮带"；单击"确定"按钮，确定传送带的配置参数。

4）执行仿真操作，观察运行结果并保存。

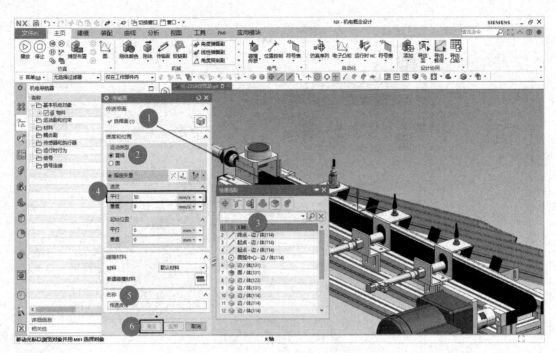

图 7-11　传输面的各项配置

3. 气缸属性定义

气缸模型经过属性定义后，在执行仿真时，通过修改"气缸位置"参数，气缸导杆会受参数的改变的影响而伸出或缩回。

（1）操作前准备

1）熟悉笔形气缸的结构、工作原理、型号解读、安装方式、载荷及是否带有传感器等内容。

2）准备数字化模型文件 7-3. Prt，也可以在上一任务的数字化模型文件上继续操作。

（2）操作步骤

1）气缸刚体属性定义。将气缸刚体定义为"刚体"属性；操作方法见物料属性定义中的刚体属性定义。具体操作流程如图 7-12 的步骤❶~❹所示。注意在选择对象时选择气缸的（活塞杆、螺母和推料头）部件，刚体的名称定义为"推料一气缸"。

2）滑动副定义。

如图 7-13 所示，在工具栏中单击"铰链副"下的倒三角按钮，在其下拉列表中选择"滑动副"，弹出滑动副对话框，在该对话框中进行滑动副参数的配置。

单击"选择连接件"中的 ⊕ 图标，在工作区域选择需要定义的"推料一气缸"；在"指定轴矢量"的配置中选择 Y 轴（与气缸伸出/缩回的方向保持一致）；同时勾选"限制"选项组中的"上限"和"下限"复选项，并将上限值设置为 60mm，下限值设置为 0mm；并在名称文本框中输入滑动副的名称。单击"确定"按钮，完成滑动副定义的配置。

3）气缸位置控制属性定义。如图 7-14 所示，在工具栏中，选择"电气"组件下的"位置控制"，在"位置控制"窗口中进行气缸位置控制相对应参数的配置。

将"选择对象"设置为前一步配置的滑动副，选择轴类型为"线性"；设定约束速度为100mm/s；并在名称文本框中输入气缸位置控制的名称；单击"确定"按钮完成气缸位置控制属性定义的配置。

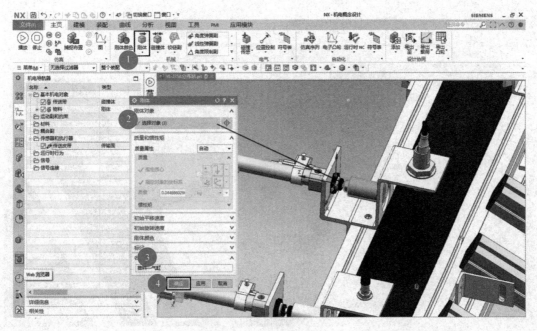

图 7-12　刚体属性定义

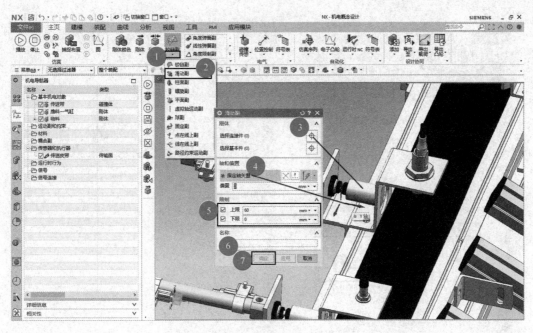

图 7-13　滑动副定义

4）分别将"推料头"和"活塞杆尾部的活塞环"定义为"碰撞体"，并将"碰撞形状"设为圆柱。

5）按图 7-15 所示进行气缸的仿真调试。

打开"机电导航器"中的"传感器和执行器"下的"推料—气缸"，单击"添加到察看器"，然后在工具栏中单击 ▷ 按钮。启动运行察看器，即可执行推料—气缸位置控制的仿真操作。

在运行察看器中，可进行运动定位值的修改，并观察运行状态。

6）单击工具栏中的 □ 按钮，停止仿真并保存项目。

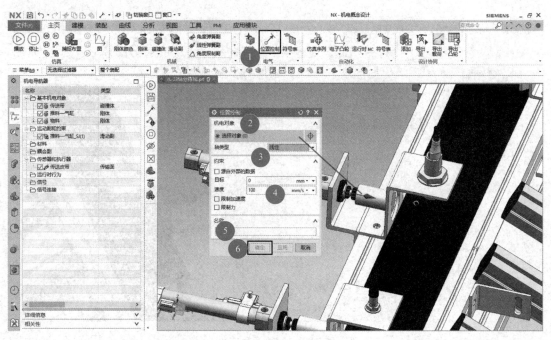

图 7-14　气缸位置控制属性定义

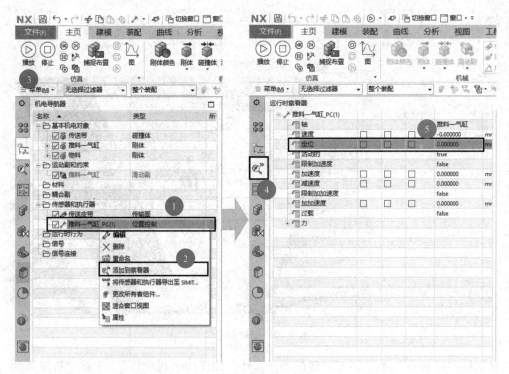

图 7-15　气缸仿真调试

4. 分拣站传感器属性定义

物料检测传感器经过属性定义后，在执行仿真时，若物料在传感器的检测范围内，传感器会触发，同时输出检测点与物料的距离值。

（1）操作前准备

1）熟悉传感器的种类、检测范围、测量方式及输出类型。

2）准备数字化模型文件 7-4.Prt，也可以在上一任务的数字化模型文件上继续操作。

（2）操作步骤

1）物料检测传感器属性定义。如图 7-16 所示，在工具栏中，单击"电气"组件中的"碰撞传感"下的倒三角按钮，在下拉菜单中单击"距离传感器"，弹出"距离传感器"对话框，并在该对话框中进行物料检测传感器属性定义的参数配置。

将"形状"选项组中的"指定点"选择为传感器圆中心，在"指定矢量"配置中选择 Z 轴（与真实场景中传感器的安装方向保持一致），并将矢量方向修改为 ⊠，即反向按钮（与真实场景中传感器的检测方向保持一致），将"开口角度"设置为 30°，检测"范围"设置为 5mm，并在名称文本框中输入"传感器一"，单击"确定"按钮后，完成物料检测传感器属性定义的配置。

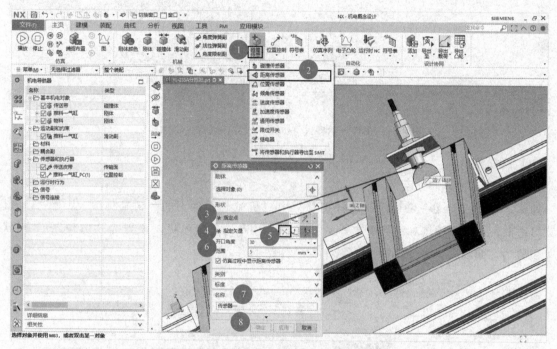

图 7-16　物料检测传感器属性定义

2）磁性传感器（气缸缩回检测传感器）属性定义。如图 7-17 所示，操作方法与物料检测传感器属性的定义相同，在"距离传感器"对话框中对磁性传感器的配置参数进行设置。

将"形状"选项组中的"指定点"选择为传感器圆中心，在"指定矢量"配置中选择 X 轴，并将矢量方向修改为 ⊠，即反向按钮，将"开口角度"设置为 30°，检测"范围"设置为 8mm，并在名称文本框中输入"气缸一缩回检测"，单击"确定"按钮后，完成磁性传感器（气缸缩回检测传感器）属性定义的配置。

3）按照同样的方法进行"气缸一伸出检测"传感器的属性定义。

5. 分拣站料仓属性定义

分拣站料仓经过属性定义后，在执行仿真时，物料可以成功放入到料槽里，而不被穿透。

（1）操作前准备

1）熟悉分拣料仓的工作属性、安装方式、底板材料及表面粗糙度等内容。

2）准备数字化模型文件 7-5.Prt，也可以在上一任务的数字化模型文件上继续操作。

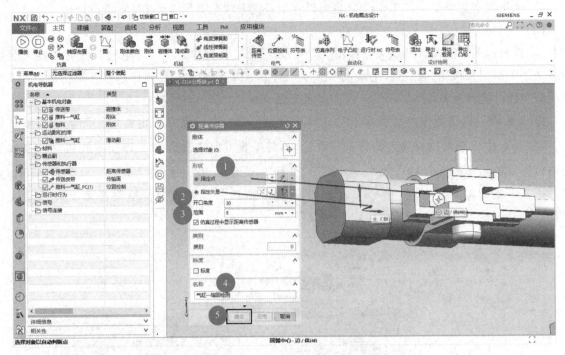

图 7-17　磁性传感器（气缸缩回检测传感器）属性定义

（2）操作步骤

1）型材边碰撞体属性定义。

如图 7-18 的步骤❶～❹所示。选择工具栏中"机械"组件下的"碰撞体"，弹出"碰撞体"设置对话框，在"碰撞体对象"中选择型材面，同时将"碰撞形状"设置为"方块"，"形状属性"设置为"自动"。

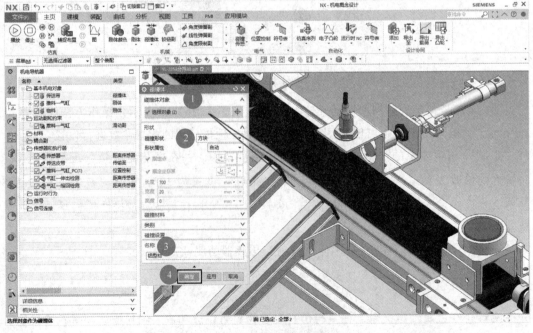

图 7-18　型材边碰撞体属性定义

2）如图 7-19 所示为料槽的 4 个面，按照同样的方法分别对料槽的 4 个面进行属性定义。将

"碰撞形状"均设置为方块,"形状属性"设
置为自动,并在"名称"处分别将 4 个面进
行命名,其他参数保持默认,单击"确定"
按钮,完成分拣站料仓属性定义。

6. 分拣站虚拟调试

在"序列编辑器"中编辑气缸的执行条
件和执行顺序,仿真出真实(物理)场景中
的动作流程。根据前面的设置,分拣站的动作
为:物料对象每隔 5s 产生一个物料,传送带
以 50mm/s 的速度运行,当传感器检测到物料
后,气缸将以 100mm/s 的速度将物料推至料
仓,当气缸伸出传感器检测到信号时,气缸以
相同的速度缩回。

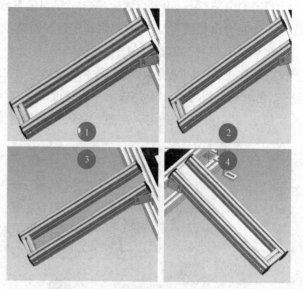

图 7-19　对料槽的 4 个面进行属性定义

(1) 操作前准备

1) 熟悉分拣站的工作原理及动作流程,制定运行参数。

① 电动机转速:传送带运行速度。

② 物料流:多长时间放置一个物料。

2) 准备数字化模型文件 7-6. Prt,也可以在上一任务的数字化模型文件上继续操作。

(2) 操作步骤

1) 调整"序列编辑器"位置。如图 7-20 所示,在资源条选项中选择🕐,单击鼠标右键,弹
出"序列编辑器",选择"取消停靠选项卡"选项,最后调整"序列编辑器"位置。

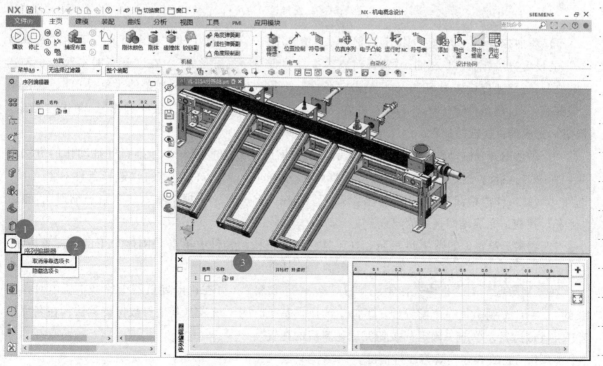

图 7-20　调整"序列编辑器"位置

2）添加传送带。用鼠标右键单击"序列编辑器"，在弹出的快捷菜单中选择"添加仿真序列"选项，此时弹出如图7-21所示"仿真序列"对话框，添加传送带并进行传输速度的设置。

在"仿真序列"对话框的"机电对象"的选择对象中，选择需要添加的仿真对象——传送带，操作方法即单击"机电对象"的选择对象后，在机电导航器的传送带和执行器中选择"传送皮带"。在"运行时参数"中勾选"平行速度"并将速度设置为50mm/s，并在"名称"文本框中输入"传送带"，单击"确定"按钮，完成传送带速度的配置。

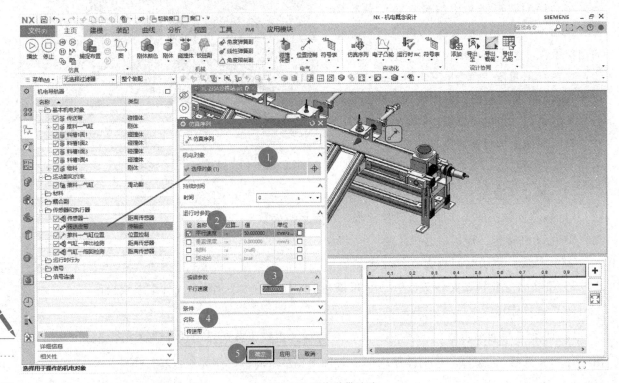

图 7-21 配置传送带速度

3）添加推料气缸动作。如图7-22所示，"仿真序列"对话框中的"机电对象"下的"选择对象"的设置方法与前一步相同，"选择对象"选择"推料一气缸位置"，在"运行时参数"中勾选"定位"，并将速度设置为60mm/s，单击"条件"下拉选项，选择"选择条件对象（1）"，再选择"传感器一"，将条件值选择"true"，并在"名称"文本框中输入"气缸一伸出"，单击"确定"按钮，完成推料气缸的配置。

4）添加缩回气缸动作。如图7-23所示，添加缩回气缸的步骤与添加推料气缸动作的方法相同，其中"运行时参数"中的"定位"速度设置为0mm/s；"条件"中的"选择条件对象（1）"选择"气缸一伸出检测"，条件值选择"true"，并在"名称"文本框中输入"气缸一缩回"，单击"确定"按钮，完成缩回气缸的配置。

5）物料流配置。如图7-24所示，在工具栏的"机械"构件中单击"刚体"下的倒三角按钮，在下拉列表中选择"对象源"，弹出"对象源"对话框。

在"对象源"对话框中选择要复制的对象——"物料"（可在机电导航器中的基本机电对象中找到）；在"复制事件"中配置触发事件，选择"基于时间"解发，其他参数保持默认；在名称栏输入"物料流"，单击"确定"按钮完成物料流的配置。

6）执行仿真操作，观察运行情况。

7）保存项目。

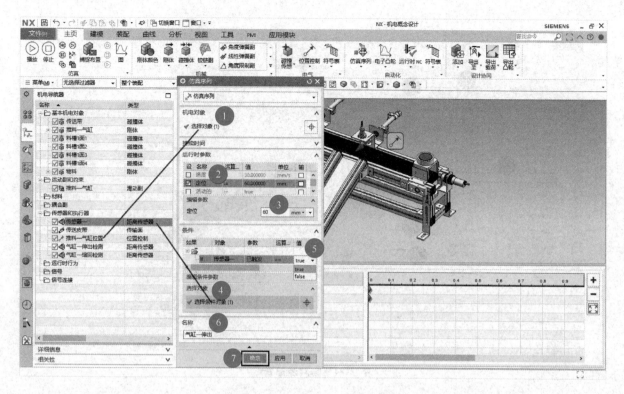

图 7-22 添加推料气缸动作

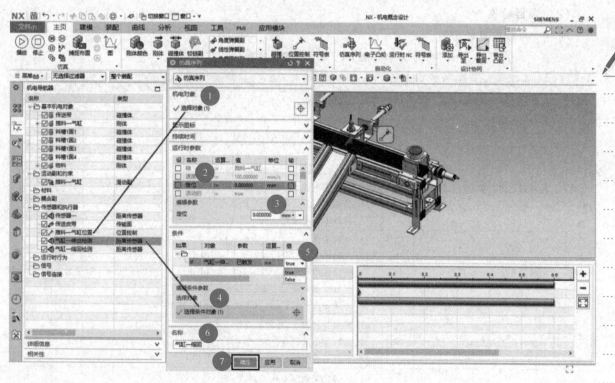

图 7-23 添加缩回气缸动作

7. 项目验收

（1）验收标准

1）使用数字化模型"7-1. prt"，连续完成 5~8 次物料分拣动作，观察完成情况。

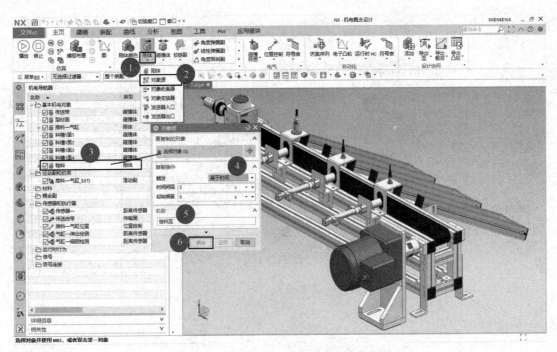

图 7-24　物料流配置

2）分拣气缸执行时，需要有对应的位置检测传感器，观察运行情况。

（2）项目验收

项目质量验收见表 7-2。

表 7-2　项目质量验收表

	验收项目及要求	配分	配分标准	扣分	得分	备注
仿真功能	物料流正常工作	5	1. 物料穿过传送带，扣 5 分 2. 物料原位置保持不动，扣 5 分 3. 物料碰撞形状与物料外形不一致，扣 5 分			
	传送带工作正常运行	20	1. 传送带运行时出错，扣 5 分 2. 传送带运行方向反向，扣 3 分 3. 传送带不能承载物料，扣 5 分 4. 传送带运行速度与规定的速度不一致，扣 5 分 5. 传送带的碰撞外形与模型外形不一致，扣 2 分			
	推料一气缸正常运行	40	1. 气缸不能将传送带上的物料推出，扣 10 分 2. 气缸原点传感器工作不正常，扣 10 分 3. 气缸伸出传感器工作不正常，扣 10 分 4. 气缸推出物料后不缩回，扣 5 分 5. 传送带无物料，气缸仍执行伸出缩回，扣 10 分			
	分拣料仓正常工作	20	1. 物料穿过料仓，每处扣 2 分 2. 物料放不进料仓，扣 2 分 3. 执行仿真时，料仓里每少一个物料扣 1 分			
人文	项目标号、功能定义	5	1. 项目定义内容不标识，每个扣 1 分 2. 相同功能重复定义，每多一个扣 1 分			
时间	20min	10	1. 提前正确完成，每 5min 加 5 分 2. 超过定额时间，每 5min 扣 2 分			
开始时间		结束时间		实际时间		

项目八　分拣站软在环虚拟调试

【项目目标】

1. 会定义分拣站信号。
2. 会编写分拣站的 PLC 程序。
3. 会运行仿真分拣站的程序。
4. 会分拣站软在环虚拟调试。
5. 能应用数字孪生虚拟调试创新机电设备装调技术。

【操作任务】

1. 定义分拣站信号。
2. 编写分拣站的 PLC 程序。
3. 运行仿真分拣站的程序。
4. 分拣站软在环虚拟调试。

【操作指导】

在建立了分拣站数字孪生环境后，使用 S7-1500 PLC 自动化控制器与数字化模型进行虚拟联调，在自动化控制器端使用 I/O 模块用作信号的输入/输出，采集现场的各路传感器信号值和控制现场的各类执行器。使用 G120C 变频器驱动减速电动机并带动传送带运行，G120C 与 S7-1500 PLC 的通信使用 ProfiNet 总线连接。分拣站软在环虚拟调试示意图如图 8-1 所示。本项目需要完成分拣站信号定义、分拣站 PLC 程序编写、运行仿真程序及软在环虚拟调试四个任务。

1. 分拣站信号定义

通过创建分拣站数字信号，在执行仿真时，达到控制或反馈机电对象的各项参数，分拣站信号定义的作用是为虚拟环境与外围数据的交互提供接口。

（1）操作前准备

1）统计分拣站输入信号、输出信号及信号类型。

2）准备数字化模型文件 8-1. Prt，也可以在项目七的数字化模型文件上继续操作，但要注意必

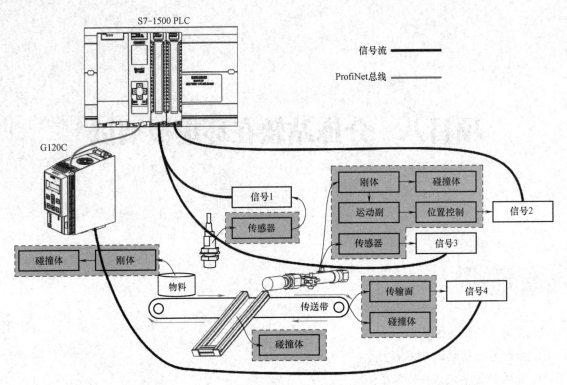

图 8-1 分拣站软在环虚拟调试示意图

须停用"序列编辑器",操作方法是将子任务前面的钩去掉。

(2) 操作步骤

1) 添加机电设备符号。如图 8-2 所示,在工具栏中选择"电气"组件下的"符号表",在"符号表"中添加机电设备相应的内容,具体内容见表 8-1。

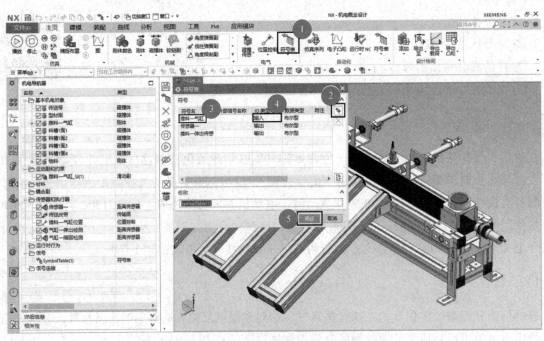

图 8-2 添加机电设备符号

2) 信号分配。单击"符号表"下的倒三角按钮,在下拉列表中选择"信号适配器",弹出"信号适配器"对话框,在该对话框中进行各组件信号的分配。

表 8-1　机电设备符号表

符号名	I/O 类型	数据类型
推料一气缸	输入	布尔型
传感器一	输出	布尔型
推料一伸出传感	输出	布尔型

① 配置推料气缸信号。如图 8-3 所示，单击"信号适配器"中的"选择机电对象（1）"，选择需要配置的对象——"推料一气缸位置"（可从机电导航器中选择），操作方法与项目七相同；将参数名称选择为"定位"；单击"添加参数"中的按钮 ✦，同时在"信号"栏所在位置处单击添加信号 ✦，将"信号"栏中的"输入/输出"项设置为"输入"，同时在"添加参数"中勾选"推料一气缸位置"；选择"公式"栏下的"Parameter_1"，并在"公式"项中输入信号名称"if 推料一气缸 Then 60 Else 0"，单击"确定"按钮或按<Enter>键完成推料气缸信号的配置。

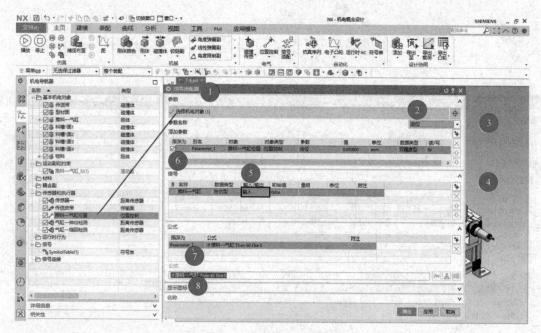

图 8-3　配置推料气缸信号

② 配置物料检测传感器信号。如图 8-4 所示，在前一步的基础上继续操作（注意：不要关闭"信号适配器"对话框）。在"信号适配器"对话框中选择机电对象——"传感器一"；将参数名称选择为"已触发"；单击"添加参数"中的按钮 ✦，同时在"信号"栏所在位置处单击添加信号 ✦，将"信号"栏中的"输入/输出"项更改为"输出"，同时在"添加参数"中勾选"传感器一"；选择"公式"栏下的"传感器一"，并在"公式"项中输入信号名称"Parameter_2"，单击"确定"按钮或按<Enter>键完成物料检测传感器信号的配置。

③ 配置气缸一伸出检测传感器信号。如图 8-5 所示，完成气缸一伸出检测传感器信号的配置，操作方法与上一步相同。

3）信号仿真调试。单击菜单栏中的 ✍ 按钮，弹出如图 8-6 所示的"运行时察看器"对话框，并将"信号"下的"SignalAdapter(1)"添加到察看器。单击运行按钮，执行仿真操作。双击"推料一气缸"的值，可观察其运行状态。

4）完成配置后保存。

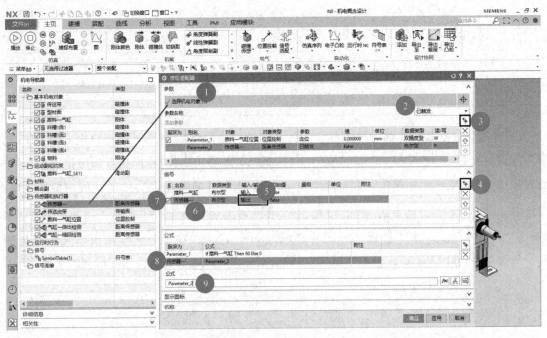

图 8-4　配置物料检测传感器信号

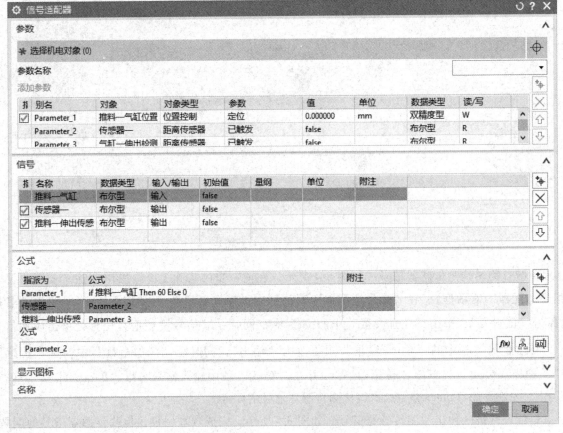

图 8-5　配置气缸一伸出检测传感器信号

2. 分拣站 PLC 程序编写

使用 TIA Portal 编程软件，创建项目并编写分拣站推料气缸一的控制程序。

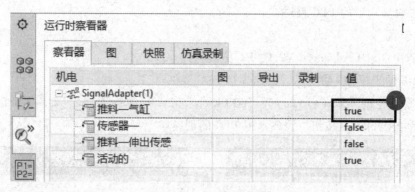

图 8-6　信号仿真调试

（1）操作前准备

安装 TIA Portal V15.1 PLC 编程软件。

（2）操作步骤

1）打开 TIA Portal V15.1 PLC 编程软件，操作方法同项目一。

2）创建一个新项目，操作方法同项目一。

① 添加新设备：CPU 1511-1 PN / 6ES7 511-1AK02-0AB0 V2.6。

② 添加以太网子网：IP 地址默认即可。

③ 添加 I/O 模块：DI/DQ / 6ES7 523-1BL00-0AA0。

④ I/O 地址分配，PLC 输入/输出设备及 I/O 地址的分配情况见表 8-2。

表 8-2　PLC 输入输出设备及 I/O 地址分配

序号	符号名称	地址	I/O 类型
1	传感器一	%I0.0	输入
2	推料一伸出传感	%I0.1	输入
3	推料一气缸	%Q0.0	输出

⑤ 在 Main［OB1］组织块中，编写如图 8-7 所示的程序。

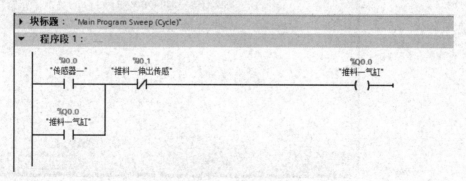

图 8-7　编写程序

3）编译并保存项目。

3. 运行仿真程序

将 TIA Portal 软件编写的 S7-1500 系列 PLC 程序，用 S7-PLCSIM Advanced 软件进行仿真。

（1）操作前准备

1）S7-PLCSIM Advanced V2.0 SP1 仿真软件安装。

2）打开"项目八"的 PLC 程序。

（2）操作步骤

1）运行 S7-PLCSIM Advanced V2.0 SP1 仿真软件。

2）如图 8-8 的步骤❶~❸所示，创建虚拟 PLC 实例。

单击下拉按钮展开"Start Virtual S7-1500 PLC"，在"Instance name"文本框中输入实例的名称"YL-235A"，单击"Start"按钮，完成虚拟 PLC 的创建。

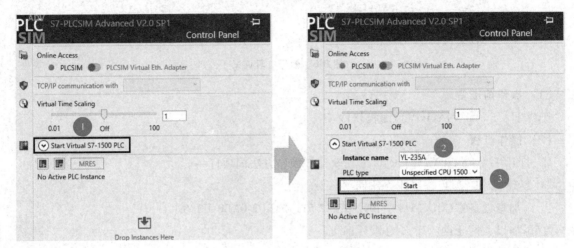

图 8-8 创建虚拟 PLC 实例

3）切换软件到 TIA Portal V15.1 编程环境。

修改项目属性：选择"保护"选项卡并勾选"块编译时支持仿真"复选框；再将 PLC 程序装载到虚拟 PLC"YL-235A"实例中，下载完成后，启动模块，进行程序的仿真运行，如图 8-9 所示。

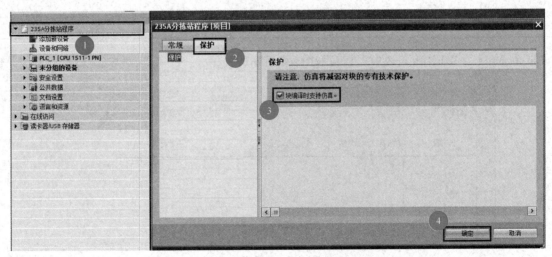

图 8-9 项目支持 PLC 仿真

4. 软在环虚拟调试

数字化概念模型经过数字孪生环境配置后，变为数字孪生体，即虚拟场景中的设备；使用 S7-PLCSIM Advanced 仿真软件做连接，与 PLC 程序相结合实现虚拟联调。

（1）操作前准备

1）运行 S7-PLCSIM Advanced 仿真软件，创建实例程序。

2）打开 TIA Portal 编程软件，下载 PLC 程序，监控 OB1 组织程序。

3）准备数字化模型文件 8-4.Prt，也可以在上一任务的数字化模型文件上继续操作。

4）列出 NX MCD 与 PLC 相关联的所有信号名称、信号类型和数据类型，将它们一一对应，见表 8-3。

表 8-3　NX MCD 与 PLC 关联信号

NX MCD 信号			方向	PLC 信号		
名称	信号类型	数据类型		名称	信号类型	数据类型
传感器一	输出	Bit	→	传感器一	输入	Bit

（2）操作步骤

1）外部信号配置。

① 选择外部信号配置。如图 8-10 所示，在"自动化"组件中，单击"符号表"下的倒三角按钮，在下拉列表中选择"外部信号配置"，弹出"外部信号配置"对话框。

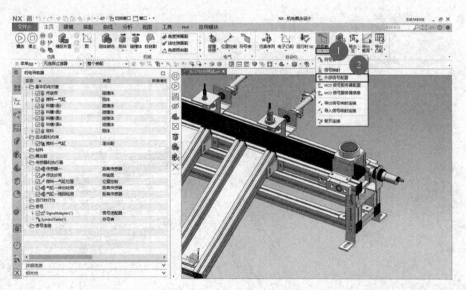

图 8-10　选择外部信号配置

② 进行外部信号配置。如图 8-11a 所示，选择"外部信号配置"对话框中的"PLCSIM Adv"选项卡，单击"实例"中的添加按钮，弹出"添加 PLCSIM Adv 实例"对话框，在对话框中选择"YL-235A"实例，单击"确定"按钮，弹出如图 8-11b 所示的对话框，将对话框的"更新选

项"中的"区域"选择为"IO"，单击"更新标记"按钮，在标记选项列表中勾选"推料—伸出传感""传感器—"和"推料—气缸"，单击"确定"按钮完成外部信号配置。

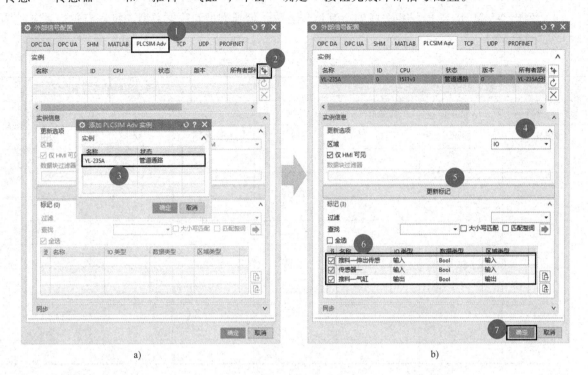

图 8-11　外部信号配置

2）信号映射配置。

① 选择信号映射。如图 8-12 所示，在"自动化"组件中，单击"外部信号"下的倒三角按钮，在下拉列表中选择"信号映射"，弹出"信号映射"对话框。

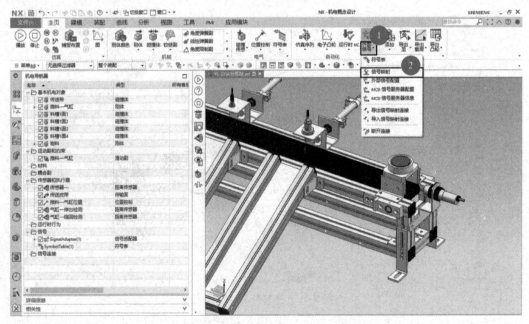

图 8-12　选择信号映射

② 配置"信号映射"。如图 8-13 所示，将"信号映射"对话框中的"外部信号类型"的"类型"选择为"PLCSIM Adv"，单击"执行自动映射"按钮，单击"确定"按钮完成信号映射配置。

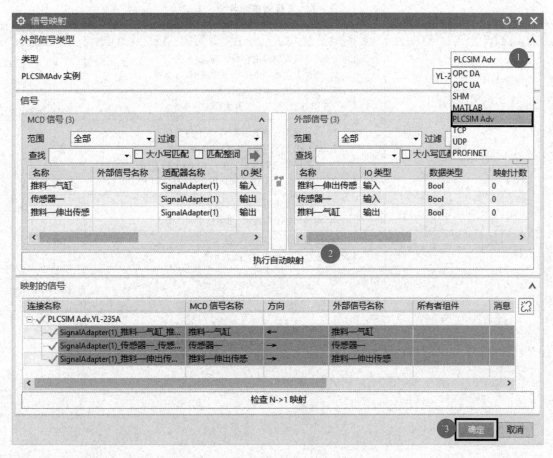

图 8-13　配置"信号映射"

3）执行仿真操作。

4）完成调试后保存项目。

5. 项目测评

1）某车间一个工艺现场需要购置一套 S7-1500 自动化控制器，主要是分拣某种零件，根据某项目部规划，这套控制器定为 10#站（IP：192.168.1.10），自动化控制器配置如下：

① 电源模块：6ES7 505-0RA00-0AB0——1 块；导轨：6ES7 590-1AC40-0AA0——1 条。

② CPU 模块：6ES7 513-1AL02-0AB0——1 块存储卡：6ES7 954-8LC03-0AA0——1 张。

③ 数字量输入模块：6ES7 521-1BH00-0AB0——1 块。

④ 数字量输出模块：6ES7 522-1BH00-0AB0——1 块。

⑤ 模板前连接器：6ES7 592-1BM00-0XA0——2 个。

2）某机械工程团队根据要求做了机械的虚拟调试（数字模型为 7-6. prt），请自动化工程师根据现场工艺做整个项目的虚拟联调，要求输出的文件有：

① 控制系统原理图和 I/O 分配表。

② 自动化控制程序和虚拟联调过的数字化模型。

6. 项目验收

项目质量验收见表 8-4。

表8-4 项目质量验收表

验收项目及要求		配分	配分标准	扣分	得分	备注
仿真功能	PLC 程序	35	1. 硬件配置没有按要求进行,扣5分 2. 缺少I/O地址分配表与原理图,每个扣5分 3. 项目不能正常仿真,扣5分 4. PLC控制程序不正常执行,扣10分			
	数字化模型正常运行	50	1. 符号表没有按要求添加,每个扣2分 2. 信号配置不正确,每个扣10分 3. 不能接收到PLC输出的信号,每个扣10分 4. PLC接收不到MCD输出的信号,每个扣10分			
人文	项目标号、功能定义	5	1. 项目定义内容不标识,每个扣1分 2. 相同功能重复定义,每多一个扣1分			
时间	20min	10	1. 提前正确完成,每5min加5分 2. 超过定额时间,每5min扣2分			
开始时间		结束时间		实际时间		

参 考 文 献

［1］　肖前慰. 机电设备安装维修工实用技术手册 ［M］. 南京：江苏科学技术出版社，2007.

［2］　周建清，王金娟. PLC 应用技术 ［M］. 2 版. 北京：机械工业出版社，2018.

［3］　廖常初. S7-1200 PLC 编程及应用 ［M］. 3 版. 北京：机械工业出版社，2017.

［4］　廖常初. S7-1200 PLC 应用教程 ［M］. 北京：机械工业出版社，2020.